JN067960

広葉樹の国フランス

「適地適木」から自然林業へ

門脇仁 著

築地書館

上：コンピエーニュの森（オワーズ県）とピエールフォン城
（aerial-photos.com / Alamy Banque D'Images）
下：フォンテーヌブローの森（セーヌ＝エ＝マルヌ県）
（Bruno Monginoux / Photo-Paysage.com）

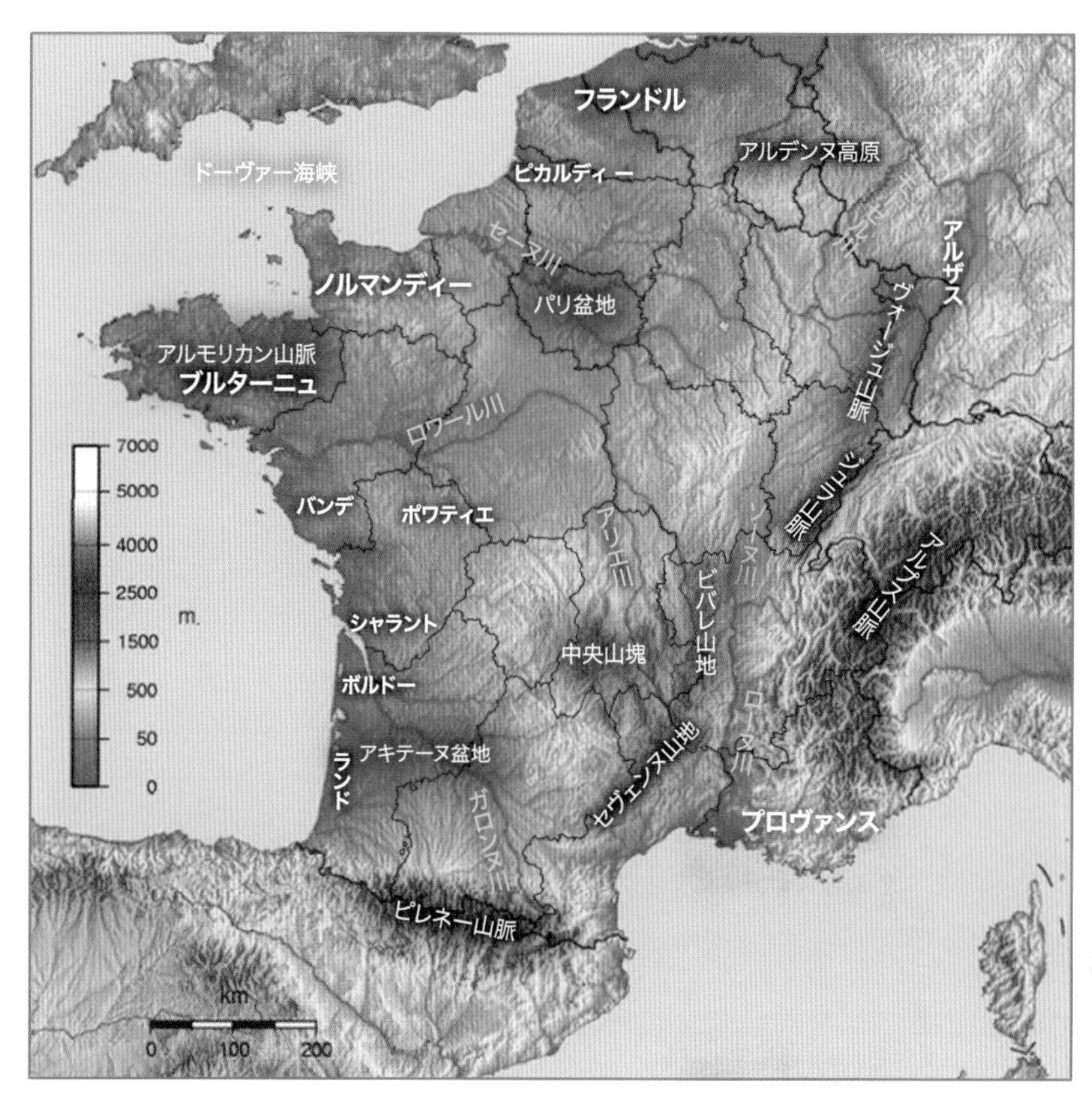

地図１　フランスの地方名と地勢図
山脈・平地・盆地が複雑に入り組んだフランス本土の地形。大きく二つに区分するなら、北西部の平地と南東部の高地に分かれる。

地図 2　行政区（13 地域圏）別に見た公有林面積の分布
地方分権改革にともなって、地域行政の再編成が進められている。森林保全レジームの整備にも大いに関係する（75、248 ページ参照）。

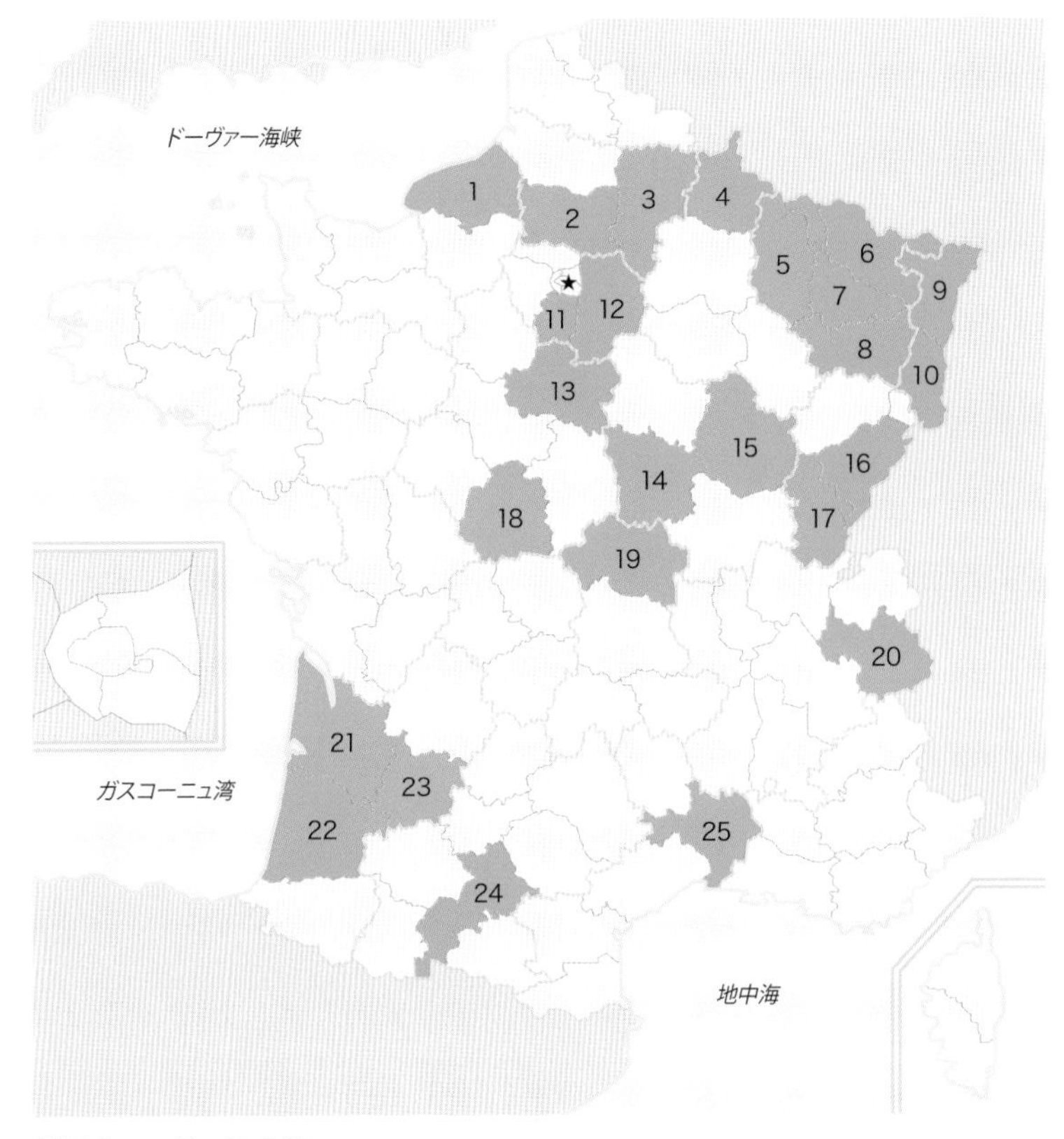

地図 3　フランスの県

左の欄外にはパリとその周辺の県（地図中の★部分）を拡大図で示した。右下の欄外はコルシカ島。下記は本文に出てくる県名とその地図中の番号。

1　セーヌ＝マリティーム県
2　オワーズ県
3　エーヌ県
4　アルデンヌ県
5　ムーズ県
6　モゼル県
7　ムルト＝エ＝モゼル県
8　ヴォージュ県
9　バ＝ラン県
10　オー＝ラン県
11　エソンヌ県
12　セーヌ＝エ＝マルヌ県
13　ロワレ県
14　ニエーヴル県
15　コート＝ドール県
16　ドゥー県
17　ジュラ県
18　アンドル県
19　アリエ県
20　サヴォワ県
21　ジロンド県
22　ランド県
23　ロット＝エ＝ガロンヌ県
24　オート＝ガロンヌ県
25　ガール県

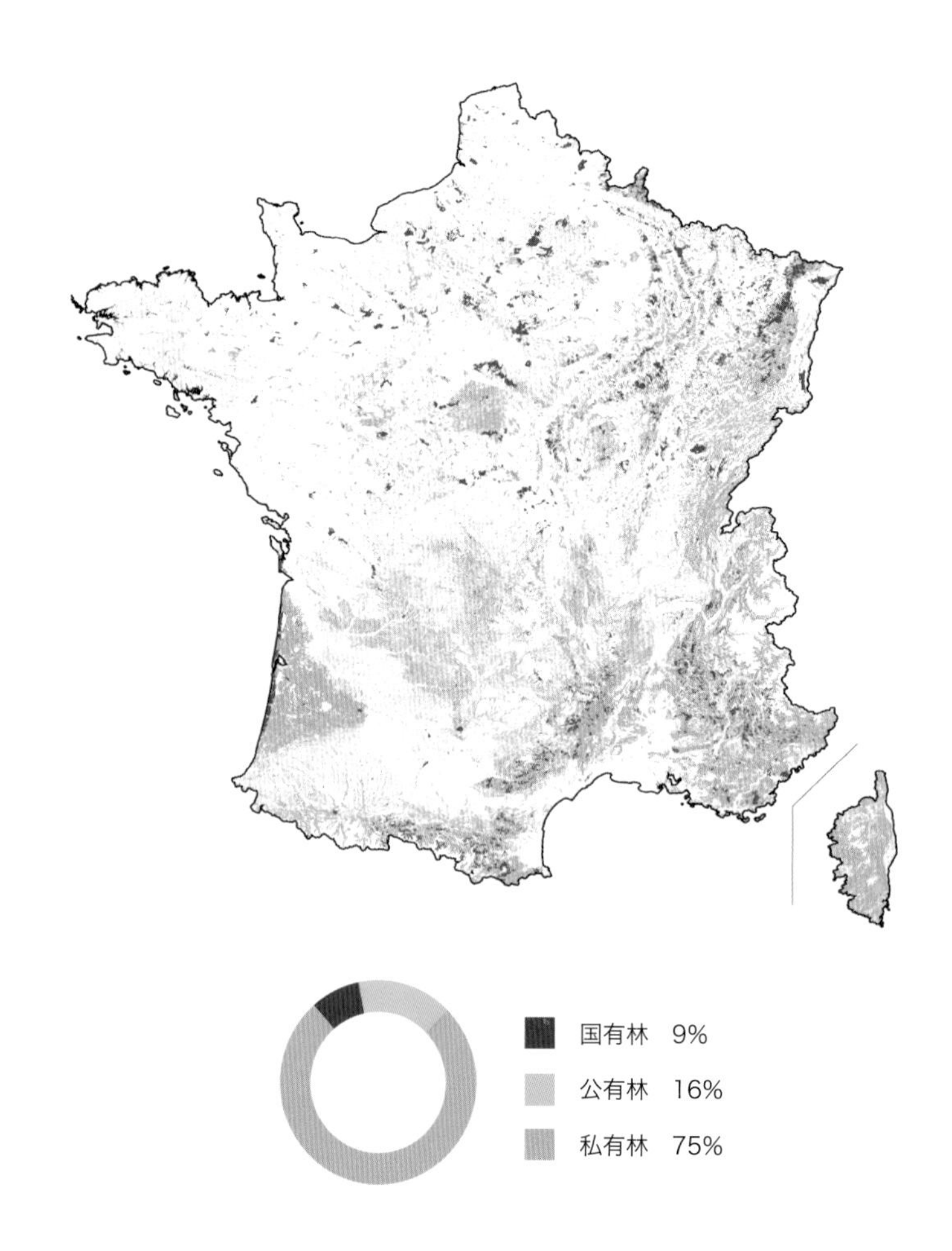

地図4　フランスの森林分布と所有形態
国有林が約9%、私有林が約75%、公有林が約16%を占める。私有林が圧倒的に多くなったきっかけは、フランス革命で断行された土地改革にまでさかのぼる（133ページ参照）。また国有林は、このフランス本土に主要なものが30カ所ほどある。

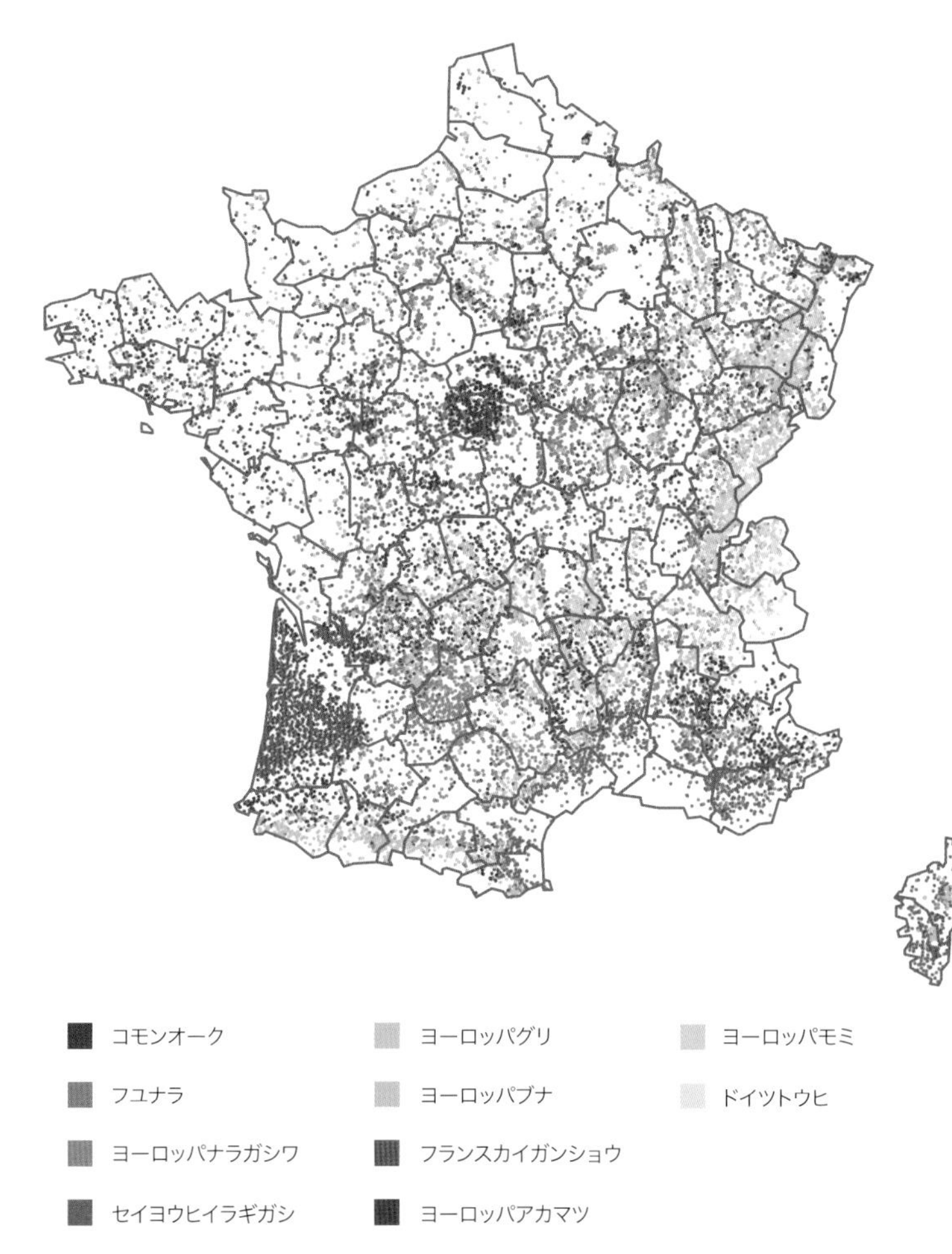

地図 5　フランスの森林の樹種別分布

広葉樹林が国土の森林の約 6 割を占めるフランス。混交林にも広葉樹が含まれることを考えると、国土の森林の 7 割以上がナラ、ブナなどの広葉樹となっている。

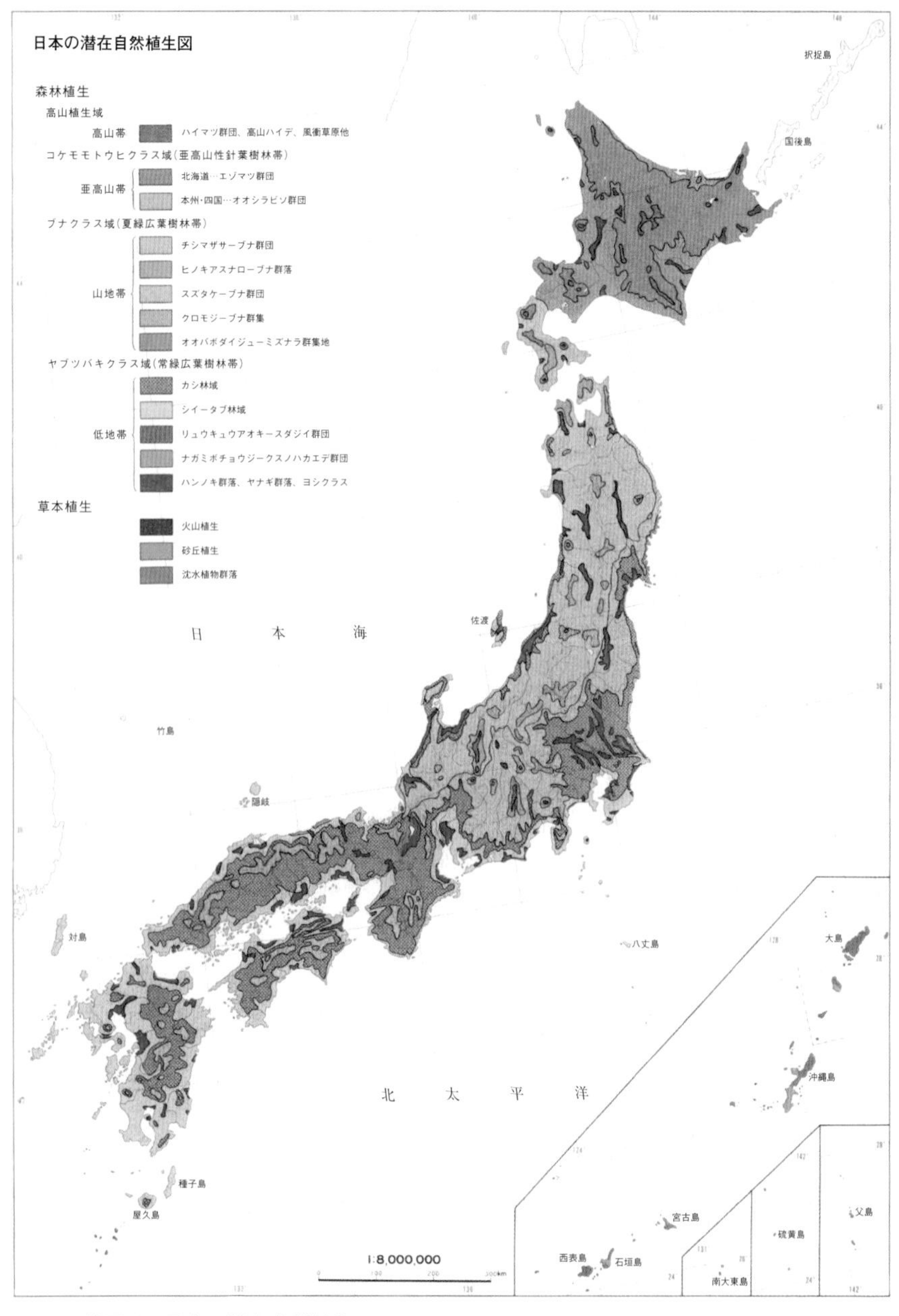

地図 6　日本の潜在自然植生
地形・気候などから見た日本の潜在自然植生は、山地でも温帯広葉樹林・暖帯広葉樹林・混交林が多く、フランスとの意外な共通点が見られる（204 ページ参照）。

はじめに

ガリアと呼ばれる太古のフランスは、見わたすかぎりの原生林に覆われていた。侵略や開墾などで、その森は一九世紀までに大半が失われた。

だが一方で、一〇〇〇年近くに及ぶ森づくりの伝統もある。それは歴史的苦難とぶつかるたびに新たな技術と政策を生み出し、ここ二〇〇年ほどは着実に緑を再生してきた。いまは国土の約三分の一を森が占めている。

この森林率は、森と林業のイメージが強い隣国ドイツにほぼひとしい。またフランスの人口一人あたりの森林面積は〇・二五ヘクタールで、日本の〇・一九ヘクタールを上回っている。

こうして世界的に見ても、「気がつけば森林国」になっていたフランス。このところ、多くのジャンルでこれまでの常識がくつがえされ、新しい物の見方が生まれているが、このフランスの変容も、長い時間をかけて醸成されてきた新しい現実のひとつだ。

どこが新しいか。理由はその森が、ただの再生林ではないところにある。

「適地適木」の理念にしたがい、地域の潜在的な植生を重んじて、できるかぎり自然に近い森を育て上げる林業。それをフランスは手がけてきた。

モザイク状の地形に応じて、山岳地帯にはモミやトウヒ、乾燥地帯にはコルクガシやオリーブ、国土の七割を占める平原にはコナラやブナやクリなどを生かし、独自の「水・森林行政」を展開してきている。

すぐれた産業用材となる針葉樹ばかりを増やさなかったのは、広葉樹なしには成り立たない産業や文化が一方にあったためだ。伝統家屋や家具や薪炭、国樹のイチイよりも愛されるオークの存在、絶対王政期の建艦競争、コルシカ島の灌木林など、さまざまな必然と偶然が、広葉樹林を大きな特色とするエコシステムの保全につながった。


本書では、こうした森の姿に迫る。まずフランスの森と林業の話からひもとき（第Ⅰ編）、続いて試行錯誤の森林再生史をたどり（第Ⅱ編）、最後に日仏の生態系の接点と、ある時点で生じた日仏林業の差異に注目する（第Ⅲ編）。神話からテクノロジーまで話題は多岐にわたるが、構成はいたってシンプルである。


豊かな森林資源を一度も損なうことなく、守りぬいてきた国々もあるが、フランスの場合はそうではない。いわば挫折してもただでは起きず、そのぶん強い足腰の力をつけて、初登頂に成功したアルピニストのようなものだ。

他国を見れば、異常乾燥による枯死や焼失、過剰伐採と盗伐などで広大な森を失い、生活の危機にあえぐ環境難民の現状がある。これも決して見過ごすことのできない新しい現実だ。しかしどん底からの回復を果たしたフランスの森は、これから森林破壊の痛手を克服しようとしているこうした国や地域に対しても、何らかの協力を果たす可能性と務めがある。

そしていま、気候変動に関するパリ協定を牽引してきたフランスの視線は、未来の森にそそがれている。都市計画者オスマンの大改革以来といわれる首都パリの環境改造や、林業転換のための国土森林憲章などで、目下フランスは国を挙げて、グリーンシフトを進めているところだ。

フランスの魅力を語る本は多い。だがこの本はむしろ、フランスがこれまで何に理想や問題意識を抱き、いま何にときめいているかを見ていくことになる。

まぎれもなく、それは森だと私は思う。

だがじつのところ、これはフランスにかぎった話ではない。

本当の意味で生態系を取り戻し、自然の力を正しく活用できる社会的なしくみづくりが、いまほど希求されている時代はないからだ。

最終的にはその期待も込めて、これからの森の姿にも目を向けてみたい。

この本はそんな「森林の書」だ。

門脇　仁

もくじ

II　千年樹が見た日々——フランス森林再生史　95

I

知られざる森林立国

—ガリアの魂とフランス林業—

オークでよみがえったノートルダム・ド・パリ

パリの中心部でセーヌ川に浮かぶ小島、シテには古くから「森」がある。石壁に閉ざされていて見えないが、「森」はたくさんのオークでできている。しばらく前に「世代更新」もしたところだ――。

もちろん、都市伝説にあらず。森林の国フランスの原点ともいえる話である。

二〇一九年四月一五日、築八〇〇年の大聖堂が炎上した。黒煙を巻き上げ、石造りの外壁が炎に包まれる。目を疑うその光景は、ニュース映像でたちまち世界に拡散された。消防隊の出動で翌日に火は鎮まったが、大きな尖塔は崩れ、天井もすっかり焦げ落ちた。

「われらが聖母(ノートルダム)」。大伽藍はずっとそう呼ばれてきた(図1)。

この名をもつカトリック聖堂は世界にいくつもある。そんななかでノートルダム・ド・パリは、破格の知名度と人気を保ってきた。ゴシック建築の代表としても、信仰を超えて人々を惹きつけている。

屋根に渡した水平の支柱、いわゆる桁梁(けたばり)は、一三〇〇本のオーク*でできている。内部構造を知る人々からは「森」と呼ばれてきた。そもそも大聖堂というもの自体、森になぞらえられることがよくある。まっすぐな尖塔が大樹の幹を思わせ、アーチ天井の曲線が四方に伸びる枝を連想させるからだ。時を告げる鐘楼も備わっているため、宇宙を統(す)べる自然秩序のシンボルともされる。

図１　ノートルダム（改築前）
1225 年完成。大量のオークが使われ、内部は「森」とも呼ばれてきた。

人々の記憶には、この聖堂がいくつもの小景をとどめていた。

長い石段の明かり窓。そこから見下ろすセーヌの蛇行。

薄明かりに浮かび上がる鐘楼の吊り鐘。

地階の祭壇脇にある祈禱帳には、蠟燭の乏しい光のもとで走り書きされた祈りの言葉。「どうか息子の足がよくなりますように」「海外の紛争地域に平和を」――。

雨樋用に、昼夜を問わず駆り出されている魔除けの怪物。

そして三つの方角の窓には、それぞれに息を呑むステンドグラスの不朽の美があった。

「なんでノートルダムが？　よりにもよって

＊**オーク**　ブナ科コナラ属の木の総称。仏名は chêne。樹種としての分類、とくに「カシ」や「ナラ」との違いについては三三ページ参照。

――」

ニュースの街頭インタビューで心境を聞かれ、沈痛な面もちの老紳士がそうつぶやいた。聖堂の焼失は財政的な損失だけでなく、パリ市民とフランス国民の心に深い喪失感をもたらしていた。

再生のため、国内外から半年で六億ユーロ以上にのぼる寄付金が集まった。再建工事をめぐっては、新デザインにこだわる改革派と、歴史遺産の保全を唱える伝統派とのあいだで国民の意見が割れた。

パリは古いものと新しいものを絶妙に融け合わせてできている。カルーゼルとエトワールという二つの凱旋門を結んだ直線の延長上では、デファンス門（新凱旋門）が威容を誇る。ルーブル美術館の前庭には、古代エジプトを現代風に彷彿させるガラスのピラミッド。過去と現在をコラージュするセンスが高く評価されてきた。

とはいえ大聖堂は、ポンピドゥーセンター*やモンパルナスタワー*のようなランドマークとは違う。再生事業の見通しは、奇抜な変革路線よりも、昔ながらのたたずまいを復旧させようという方向で落ち着いた。

そこで木々の出番となる。

大量のオークが使われた旧ノートルダムの桁梁は、一二二五年の完成時から組まれていたものだ。礎石や外壁はギリシャ・ローマから受け継いだ石造りだが、桁梁や尖塔は、祖先のガリア人*から受け継いだ木造建築である。

ゴシック建築は、木の骨組みで成り立っている。アーチ型の天井（ヴォールト天井）の真上の屋根が、石では亀裂を生じてしまうからだ。そこで木の桁梁に鉛や瓦などを載せ、天井と屋根のあいだには隙間をもたせる。旧ノートルダムでは、風の通るその隙間に勢いよく火が回ってしまったわけだが、この造りこそまさに、石の文化の骨格を木の文化が支えてきたあかしである。

ガリア以来、住居に、要塞に、武具や馬具に、生活民具にと、幅広く用いられてきたのがオークだった。だからオークを基軸に据えたノートルダムの再生計画は、もっともフランスらしい発案だったことがわかる。

二〇二一年、フランス全土から樹齢二〇〇年を超える約六〇〇〇本のオークが取り寄せられた。

「ぜひうちの地元のオークも！」

木の選定にあたっては、そんな声が全国からひきも切らなかったという。

＊ポンピドゥーセンター　一九七七年、ジョルジュ・ポンピドゥー元大統領の提唱でパリ四区に建設された芸術文化センター。鋼鉄の支柱とガラスでできた地上六階・地下二階の現代建築。正面壁面に長大なエスカレーター、裏面には巨大ダクトといった目新しいデザインが話題を呼んだ。

＊モンパルナスタワー　パリ一五区でメトロ駅モンパルナス・ビヤンヴニュの真上にある地上五九階建ての超高層ビル。パリではデファンス門と双璧の巨大建築だが、一九七二年の建設当時は景観論争を巻き起こした。

＊ガリア人　ケルト系（三一ページ）のうち、いまのフランスに住んでいた人々。ゲルマン民族がフランク王国を建設するよりもはるか以前のことである。フランス人がこのガリア人をみずからのルーツとすることは多いが、国の公式見解ではなく、日本人が縄文文化に対して寄せるのと似た、一種の民族的な思い入れに近い。ただし本書は森林の本なので、ガリアの森をフランス人の精神的な拠り所と見なすことに何ら異論はなく、むしろこの見方を前提に内容を構成している。

こうしてオークでよみがえった「フランスの魂」。焼け跡からの再生事業は、ノートルダムの不滅性をむしろアピールすることになった。二〇二四年パリでのオリンピック・パラリンピックの開催を機に、樹齢二〇〇年の立木(りゅうぼく)から建材に生まれ変わって向こう八〇〇年、いやもっと永い歳月を新生ノートルダムとして生きるよう期待されているのが、彼ら選ばれしオークたちである。

オークには、「三〇〇年で育ち、三〇〇年生き、三〇〇年かけて朽ちる」という言い伝えがある。フランス北部のノルマンディーには、推定樹齢八〇〇〜一二〇〇年のオークがあり、「シェーヌ・シャペル」(礼拝堂のオーク)と呼ばれている(図2)。落雷で中身が燃え、そこにノートルダム・ド・ラ・ペという礼拝堂が建てられて、歴史的記念碑に指定された。

図2 「礼拝堂のオーク」
ノルマンディーのセーヌ＝マリティーム県にある歴史的記念碑。落雷で燃えた樹幹の内部にチャペルが建てられている。

パリ郊外のフォンテーヌブローには、「ジュピターのオーク」と呼ばれる樹齢六八〇年のオークがあった。一九九四年に枯死したが、「森の宝石」として親しまれていた老齢樹だった。

もちろんこうした木々は異例の長寿で、オークは樹齢二〇〇年でもかなりの成木、古木である。二〇〇歳のオークが六〇〇本。都合一二万年分の命の記憶をとどめるノートルダム・ド・パリのオークは、サスティナビリティの象徴としてもふさわしい。

ビストロの看板も、パン工房の木炭も

「オークの木は、高貴さや力強さや正義のシンボルとして、われわれの心を惹きつける」

林業家のJ・P・ユッソンは、著書にそう書いている。この木が興味深いのは、産業を支える資材としても、森の生態系を担う樹木としても、ちょっとした語り草になるほどさまざまな顔をもっているところだ（図3）。

酒樽はガリア人の発明品である。フランス産オークでできた酒樽は、おなじコモンオークでも、アメリカやイギリスのオークよりまろやかにブランデーを熟成させる。とくにコニャックの場合、蒸留した原酒をフレンチオークの酒樽に長く貯蔵することで、香りも味わいも琥珀の色あいも馥郁（ふくいく）たるものになる。さらにオークの木屑「オークチップ」を加えることにより、あの独特なタンニンの苦みも醸成される。

その酒樽が貿易の主役となった初期の遠洋航海では、ガレー船やガレオン船が活躍した。船の建材というとレバノン杉のような針葉樹をイメージしやすいが、二〇〇七年にイギリスで見つかった八〇〇〇年前の木舟は、オークでできていた。もちろんガレー船の建材もオークである。ブルターニュ半島に住んでいたガリア人部族のウェネティは、ガレー船の操舵技術にすぐれ、カエサルのローマ軍を

図３　オークの立木（上）とコモンオークの葉・茎・ドングリ（下）

あとすこしで撃退というところまで苦しめた。

　海水や風雨にさらされる船体は、オークのうちでもとくに古木でつくられることが多かった。フェノール類やタンニンのように防腐や防虫に効果のある物質を豊富に含むため、木質部分の色合いが濃く、船体をたくましく、荘重に見せるからである。

　そののち帆船の時代になっても、梁や厚板にオークを使った船が生産された。フランスとスペインの国境に位置するバスク地方では、船体をすべてオーク材でつくるのが慣わしになっていた。とくに船底を船首から船尾までつらぬく竜骨には、加工のしやすいブナが使われた。航海の安全を願って舳先に飾る船首像（フィギュアヘッド）も、もちろんオークでできた彫り物である。

　ヴェルサイユ宮殿の床の嵌木板（はめぎいた）もオーク製だ。マルモッタン美術館にある、ナポレオン時代のバックギャモンの盤もオーク。

　もちろん農民の鍬もオークでできていた。

　暖炉の木枠も、その上に飾られるマントルピースも、炉にくべられる薪もたいがいオークだ。

　さらに二〇世紀初頭になっても、まだ家庭燃料の主流はオークを使った木炭だった。

　いまでもオークは、生活のすみずみに浸透している。住宅の柱やフローリング、階段や手すりにもオークが好まれる。タンスや食器や飾り棚も、パン工房でバゲットを焼く炭も、ビストロの看板やワインのコルクも、アンティーク家具のテーブルや肘掛椅子もオークでできている。楽器のギターやドラムスも、カエデやクルミと並んでオーク。さらにはパルプや線路の枕木にもオークが使われる。人生をしめくくるときも、白木のオークが棺となってあの世へ届けてくれる。

フランスの森林の約七割に及ぶ広葉樹のうち、半分以上がオークによって占められている。産業や生活にことごとくオークが浸透している理由も、この割合を見るとうなずける。モミやトウヒといった針葉樹の人工造林が推奨された時代もあれば、砂防のために集中的にマツを植えた地域もあるが、それも一方でオークに代表される広葉樹という軸足があればこそ発揮できた多様性といえる。

広葉樹をスタンダード、針葉樹をひとつのバリエーションととらえることで、フランスの森の構成やアウトラインがはっきりする。伝説の地アルカディアのような森林理想郷には程遠いが、そこには生態系と産業と人と文化が絡み合う、興味尽きないワンダーランドがある。

自由・平等・緑愛

「テール・ソヴァージュ」というフランスの月刊誌がある。「野生の大地」という意味のネーミングで、一般読者を対象に一九八六年に創刊され、いまも人気を誇るネイチャー・フォトマガジンである。

この雑誌がフランス国立森林局*（ＯＮＦ）との共催で毎年おこなっている「今年の木」（L'arbre de l'année）というコンテストでは、「美的・歴史的・生物的・情緒的に価値ある樹木」が受賞候補としてノミネートされる。そのうち審査員や読者のあいだでもっとも評価の高い樹木が選ばれ、年明けに表彰されている。

過去にノミネートされた木々は、圧倒的に広葉樹が多い。

たとえば二〇二一年は、グラン・テスト地域圏*サン・ユヴェールの「渓谷のブナ」（図４）に審査

図４「渓谷のブナ」（©Terre Sauvage/E. Boitier）

員賞、オー＝ド＝フランス地域圏カッセルの「枝垂れブナ」（図５）に一般賞が贈られた。また二〇二三年の一般賞にノミネートされた「ヌーヴェル＝アキテーヌのオーク」（図６）は、樹齢は一五〇年程度で、周長は約三・五メートル、枝張りの最長は五四メートルである。

枝ぶりといい、枝張りといい、周囲の景観といい、評価されたポイントやアングルがそれ

＊**フランス国立森林局**（Office National des Forêts：ＯＮＦ）　フランスの国有林管理を担当する行政機関。所轄官庁はフランス農業省と環境連帯移行省。パリに拠点があり、職員は地方事務所を含めて約九〇〇〇人。国有林といえばＯＮＦがイメージされるほど、フランスでは林業の代表的な組織。ただし林業転換で構造改革が進められており、職員数は一九八〇年代以降、三分の一に削減された。
＊**地域圏**　県をまとめた行政単位で、地方分権法（一九八二年）によって正式な自治体となった。「レジオン」ともいう。コルシカを含めたフランス本土に一三、海外領土に五の地域圏が置かれている。

図 5 「枝垂れブナ」
（©Terre Sauvage/FTV）

図 6 「ヌーヴェル＝アキテーヌのオーク」
（©Terre Sauvage）

ぞれに楽しめる。日本人が花見のサクラや庭の盆栽を味わうように、フランス人は散歩やランドネ*を楽しみながら、ブナ、カシ、ニレ、ハンノキ、ニワトコ、ヤナギなどの緑を堪能してきた。田園風景にあっても、都市景観にあっても、環境になじみ、たいがいサイズ的にも収まりのいいのが広葉樹である。

まっすぐしなやかに伸びていて製材しやすいのは針葉樹のほうだ。だからふつうは針葉樹木材の方が、広葉樹木材よりも生産量がはるかに多い。しかしフランスの用材に占めるシェアでは、広葉樹と針葉樹が拮抗している。国産材に占める広葉樹の比率が五割に近いのは、熱帯・亜熱帯の国以外ではめずらしい。さらに二一世紀に入り、国産材の増産計画が打ち出されてからも、全体の生産量はさらに伸びている。

先ほど引いた林業家J・P・ユッソンの言葉どおり、オークにはロマンがある。色彩の変化に富み、気品や愛嬌もある。あのユニークなカシの葉形が、遠目に見た樹形と相似をなしているのも、どこかファンタジックなゆかいさを感じさせる。コンパクトに身をたたみ、先が尖っている針葉にくらべ、広葉には伸びやかでおおらかなイメージがある。またオークがほかの木よりも根元が広いのは、時間をかけて根の基部を強化し、しっかりと根を下ろして倒木を防いでいるためだ。

古代ローマ建築には一年の各月を象徴するような植物のデザインがあしらわれていたが、ガロ・ロ

＊ランドネ　野山の自然を満喫する徒歩旅行。フランスの伝統的なレジャーで、ハイキングよりはスポーティブな面がある。

マン（フランス人の祖先のガリア人がローマ帝国に支配されていた時代）ではさらに、各地方に生える植物が図案化されるようになった。草花ではオオバコ、マムシグサ、ウマノアシガタ、オダマキ、エニシダなどが多く、樹木ではやはりオークがいちばんよく装飾に使われている。ちなみにフランスで非公式のナショナルシンボルとされ、パスポートにも記載されている国章には、オークと月桂樹の葉が描かれている（図7）。

図7　フランスの非公式国章
木材の束をつらぬく斧に、「自由・平等・博愛」の文字が添えられ、オークと月桂樹の葉がまわりを囲んでいる。

木材としても重宝され、優美さと力強さのシンボルでもあり、自然景観もかたちづくってきた広葉樹の代表。それがフランスにとってのオークである。

キーストーンの世界戦略

オークの種類は、地球全体で約四三五種が知られ、ヨーロッパでは二五種が知られる。ヨーロッパ北部に自生するのは、ほとんどがコモンオーク（ヨーロピアンオーク、イギリスコナラ）とセシルオーク（フユナラ、エナシコナラ）だが、フランスでは日本とおなじく、暖帯林のオークであるカシ類も数多く見ることができる。

ある種の生き物の営みが、ほかの生き物たちにも連鎖的に影響し、生態系全体のあり方を左右するとき、その生き物をキーストーン種という。オークは五大陸のすべてにおけるキーストーン種で、森林生態系のネットワークに影響を及ぼしている。つまり、ほかの樹種との共存や競争をリードしながら、世界の森をかたちづくっている。

そこではオークの実であるドングリが、さまざまな動物の餌となって運ばれる。リスは口いっぱいにドングリを頰張って移動し、一度に食べきれない分を落ち葉の下や木のうろなどに隠しておく。よく知られる「貯食」である。ただ種をまくのでなく動物に餌として利用させるのは、ドングリからすれば、種族繁栄のための知恵にあたる。リスにその隠し場所が忘れられることによって、ドングリはやすやすと苗床を手に入れ、発芽する。

フランス産オークのドングリは、タンニンのうちでも毒性の強いものがあり、それを食べる動物はすべて、タンニンの分解酵素をもっている。ただ苦みと毒性がきついほど、ドングリは動物たちから好まれない。そこでオークは、このタンニン濃度を増やしたり減らしたりすることによって、林地における自分のテリトリーを調節している。このしくみは広葉樹林の樹種構成にやんわりと、着実に働きかける。それが「キーストーン種」のいわれだ。

すでに約五六〇〇万年前には、ヨーロッパにオークの群落が存在していた。世界最古のオーク花粉の化石がそれを示している。ゲノムの解読が可能になったことで、このドングリがもつ遺伝子の変異や種の分化の過程が明らかになってきた。おなじ林分にある二つのドングリのあいだで遺伝子配列をくらべ、約七〇〇万の遺伝子が異なっているのを実証した研究もある。

秋が来るたびにオークの枝々からどっさりと落ちるドングリは、この遺伝子多様性の爆発的な発現によって、フタバガキの一斉開花*のような集客作用を呼び起こす。そしてこの遺伝的多様性こそが、環境変化への強い耐性を備えた安定的な森をはぐくむことになる。

聖女伝説にさかのぼる水・森林管理

さて、ノートルダムの火災で焼け残ったもののなかに、青銅製の風見鶏があった。燃えながら倒壊した尖塔の先から抜け落ちたものだ。奇跡的にかたちをとどめ、あとで瓦礫と灰のなかから拾われたのである。

これもガリアつながりとなるが、雄鶏のラテン語はgallusだ。「ガリア」(フランス語では「ゴール」)と響きが似ているために、ニワトリはフランスのシンボルとされている。スポーツ競技の世界大会で、フランス代表チームが背負っている風見鶏のマークもここからきている。ノートルダムで焼け残った風見鶏に封入されていたのが、聖ジュヌヴィエーヴゆかりの品々だった。

モンマルトルで殉教したサン・ドニと並んでパリの守護聖人とされているジュヌヴィエーヴは、羊飼いの家に生まれた。信心深い少女だった。一五歳のとき、聖ゲルマヌスに敬虔さを見いだされて修道女になった。彼女は奇跡で泉を湧き出させ、パリの人々を伝染病や水不足から救ったといわれる。

西暦四五一年、アッティラ王の率いるフン人がガリアに侵入してきた。軍勢はまたたくまに北東の

図8　パリの守護聖人、聖ジュヌヴィエーヴの碑
少女の肩に手をやり、アッティラの侵攻からパリが救われることを祈る姿。

ランスまで迫っていた。

「司教がなぶり殺しにされた。ここにいたら皆殺しにされる」

人々は蒼ざめ、パリから脱出しようとした。しかしジュヌヴィエーヴは神の加護を信じて疑わず、「神託があるから大丈夫」と彼らを説き伏せた。危機をかえりみず騒ぎを大きくするとして、彼女自身が糾弾されるひと幕もあったが、結局人々はパリにとどまり、アッティラのパリ侵攻は回避された。

「たゆたえども沈まず」

大難小難の波に翻弄されることはあっても、パリが沈んで滅び去ることはないという格言。のちにセーヌ川水運業組合の手を経て、市の紋章に刻まれることとなった言葉だ。歴史の試練に耐えてきた首都の強

*フタバガキの一斉開花　東南アジアの熱帯雨林を代表する樹木であるフタバガキ科の半落葉広葉樹は、何年かに一度、林冠で一斉開花する現象が見られる。いくつか考えられている理由のひとつに、花粉媒介者(ポリネーター)となる昆虫を大量に呼び寄せる「集客効果」も挙げられている。

さを、沈まぬシテ島にたとえたといわれる。しかしもとをたどれば、聖ジュヌヴィエーヴがこの地をたびたび救ったことにまつわる故事だった。ノートルダム大聖堂近くのトゥルネル橋では、高さ一五メートルの聖ジュヌヴィエーヴ像がこの街とセーヌの水を見守っている（図8）。

パリ郊外のエソンヌ県には「森の聖ジュヌヴィエーヴ」というコミューン*があり、その名はSNCF（フランス国営鉄道）の駅名になっている。名前のとおり、あたりには鬱蒼とした茂みが広がる。真冬の夜に列車を降りてこの駅に立つと、どこか神秘的にも感じる冷気でたちまち全身が包まれる。

この近くはガリア以来、「セキニーの森」と呼ばれてきた。ジュヌヴィエーヴは、ここでも洞窟から泉を湧かせる奇跡を起こしたため、いまでも彼女を記念した礼拝堂が建っている。

森と湧き水は、救国の英雄ジャンヌ・ダルクにも縁がある。ジャンヌが生まれ育ったオルレアンのドンレミー村には、「妖精が集まる」と信じられていたオークの大木があった。子ども時代のジャンヌは、その木のまわりでよく遊んでいた。木の真下に溢れ出る泉の水は万病に効くといわれた。教会の所領だったこの地で神父が「妖精を追放した」とき、ジャンヌは猛然と怒りをむき出しにしたという。これはのちに、ジャンヌに関する魔女裁判のひとつの争点となる。

フランスのいたるところにあるこうした森と泉の伝説は、「水・森林管理」という林業の伝統を思い起こさせる。これは古くからフランス林野行政の骨格を形成してきた理念だ。山国の日本なら、「治山治水」や「水源涵養」にあたる。平地が多いフランスでは、河川も長い距離に及ぶので、開墾や過放牧が水量に影響しやすい。地表水だけでなく地下の水資源も管理していくため、森の保水能力を最大限に生かす必要がある。それによって氾濫と枯渇を同時に防ぎながら、河川を健全に利用する

「水・森林管理」をめざしたのが、フランスの林野行政だった。森と泉の伝説は、結果としてその全国的な合意形成にも役立ったと思われる。

そしてこの理念は、あとで述べる一三世紀のフィリップ四世の勅令や、一九世紀に創設されたナンシー林業専門学校（現在の地方水源・森林管理技術学校。一三九ページ参照）の人材育成にも一貫して見いだされるメインストリームになっていく。

意識の古層のガリア、ケルト――失われた森を求めて

森とフランスの精神的なつながりを、もうすこし見ておこう。

ガリアに想いを馳せた国民的漫画『アステリックス』や、名優ジェラール・ドパルデュー*も愛した煙草ゴロワーズが古典的な人気を博しているのも、一種の原点回帰への想いだろう。この定番のタバコは、はじめ「オングロワーズ」（ハンガリー人）という名で売り出されたが、ゴロワーズ（「ガリア

***コミューン**　古代ローマの「コムーネ」に由来し、古くから「共同体」の意味がある。現在の行政単位としては、市町村レベルの自治体のこと。

***ジェラール・ドパルデュー**（一九四八－）「巌窟王――モンテ・クリスト伯」「レ・ミゼラブル」などの代表演目で知られるフランスの俳優。個性と演技力で国民的人気を博すが、富裕税に抵抗して二〇一二年にベルギーへ移住。翌年ロシア国籍を取得している。

図9　ガロ・ロマン時代に描かれた木こりの神エサス

人」を意味するフランス語）に名前を変えたとたん、爆発的な人気を博したのである。

北欧スウェーデンの伝説にはオーラヴという木こりが登場する。ガリア人の時代のフランスにも、エサスという木こりの神がいた。いかにも木こりという感じの髭づらで、絵や彫刻にもたくさん残っている（図9）。

フランスの国民的作家でド・ゴール政権下の文化大臣も務めたアンドレ・マルローは、日本のスギにも深い敬意を払ったが、オークにはフランスの国樹であるイチイに対するよりも特別な思いを寄せた。ド・ゴール将軍についてのマルローの回想録では、ヴィクトル・ユゴーの次のような一節が引用され、疾風怒濤のその生涯が追悼されている。

> ヘラクレスの火刑のために伐り倒された樫の木の、たそがれの中に響くなんという恐ろしい物音！*
>
> （マルロー『倒された樫の木』）

ロマン派の作家で波瀾に富む人生を送ったシャトーブリアンは、都市型で近代的な自我の悶(もだ)えをいちはやく見抜いていた。フランス革命の動乱にも喘いだ彼の文学は、人間がかつて失い、魂の片割れのように追い求めてきた自然をひとつの舞台としている。代表作『ルネ』では、野心をもてあまして抑鬱的な心理状態におちいった主人公のルネが、次のようにつぶやく。

ぼくの身の置きどころは、聖堂や森といった隠れ家だけでした。

（シャトーブリアン『ルネ』）

こういった場面で背景をなす樹林は、決まってオークやニレといった広葉樹たちだ。木昏(こぐら)い広葉樹の森が、登場人物たちの心情を陰影ゆたかに引き立てる。

もちろん、これでもまだ「オーク愛」の証言としてはもの足りない。フランス人の根源的な樹木愛を裏づける理由としても不十分だろう。

そこできわめつけの例になるが、思い出せない記憶の彼方へ無意識に引き寄せられていく感覚を、ケルト系[*]の精霊信仰と重ね合わせたのがマルセル・プルーストだった。広くヨーロッパ一帯に住んだケルト系の人々のうち、いまのフランスと北イタリアに住んでいた一派がガリア人だった。つまりケ

＊「ヘラクレスの火刑の……」『倒された樫の木』（アンドレ・マルロー著、新庄嘉章訳、新潮社）より。

ルトはガリアの母集団である。

プルーストは亡くなった人の魂が、ふだんは動植物や無生物のなかにとらわれているというケルトの信仰を「理にかなったもの」だという。

ある日、木のそばを通りかかったりして、魂を閉じこめている事物に触れると、魂は身震いし、われわれを呼ぶ。そして、それとわかるやいなや、魔法が解ける。かくしてわれわれが解放した魂は、死を乗り越え、再度われわれとともに生きるというのだ。*

（プルースト『失われた時を求めて』）

ケルト系の人々が考えたこの再生のメカニズムは、記憶がよみがえるしくみに似ているとプルーストはいう。深層意識の底に閉じ込められていた記憶が、森での彷徨を思わせるあるきっかけによって呼び醒まされる。記憶の森と古代ケルトの森が、確実にそこでは通底している。これは見方を変えれば、フランス人の深層記憶にケルトの精神があることの発見につながる。

この無意識の感覚に導かれ、人々の言葉や思考や生活習慣に森が入り込むことになる。フランスのことわざや故事には、森や樹木や木こり、水や水甕（みずがめ）、薪や炭やかまど、動植物などにかかわるものがじつに多い。

・緑のしるしをつけ忘れた者を捕まえる（他人の不意をついて落ち度を暴く）

・木と樹皮のあいだに指を入れるな（内輪揉めに口出しは禁物）
・斧の先が飛んでも柄を投げてはならない（ひとつの失敗で自暴自棄になるな）
・甕をあまり泉へもっていくとしまいに壊れる（いつもおなじ危険を冒すと、そのうち命がなくなる）
・空腹は狼を森から出させる（背に腹は代えられない）
・かまどを作る（「料理をかまど作りから始めるほどの安閑さ」から転じて「芝居が不入り」）
・パニュルジュの羊*（羊たちが群れをなすイメージから「付和雷同」）

＊ケルト系　現在の定義では、ケルトは特定の民族ではなく、ヨーロッパ各地に見られたケルト系の社会集団の総称。語系や民族系統はさておき、中央ヨーロッパのハルシュタット文明を発展させたラ・テーヌ文化を前身とするのがケルト文化だった。本書でも「もともとケルトは血でつながった部族というより、感性や霊性を共有する人々の生活共同体だったのではないだろうか」と後述するとおり、ケルトの民族的なアイデンティティについては言及しなかった。また「ケルト人」のかわりに「ケルト系」という呼称を用いた。

＊「ある日、木のそばを通りかかったり……」『失われた時を求めて一　スワン家の方へ一』（マルセル・プルースト著、吉川一義訳、岩波書店）より。

＊パニュルジュ　フランス・ルネサンスの作家ラブレーの『パンタグリュエルの物語』に登場する人物。パニュルジュは船旅の途中、とある羊商人に侮蔑されたため、その商人から一頭の羊を買い取って海へ投げ落とす。するとほかの羊たちも後追いで海へ飛び込んだため、狼狽した羊商人も思わず海中へ――この話が「付和雷同」を意味する「パニュルジュの羊」の由来となった。

・雄ツグミと雌ツグミの話（しばしばおなじ原因で起こる争い）
・自然にあらゆる嗜好あり（蓼食う虫も好き好き）

文人のミシュレ、ネルヴァル、ベルナルダン・ド・サン＝ピエール、ジュリアン・グラック、ジャン・ジオノ、ピエール・ガスカール、アラン・フルニエ、詩人のラフォルグ、イヴ・ボンヌフォワ、さらにはシャンソン歌手で作詞家のジョルジュ・ブラッサンスらにも、太古の森の想像力が色濃く影響している。オークの森の生命力や精神性は、明らかにフランス人の美意識とつながりがある。

樹木信仰とユビキタス

樹木を崇め、礼讃したケルト文化。なかでもオークは、ほかの聖木（カエデやヒイラギなど）に大差をつけて、神聖な力の権化のように扱われてきた。

すべての物質と霊魂は永遠である。そう考えたのがケルト系の人々だった。彼らがヤドリギを崇拝したのは、木々が葉を落とす真冬にこそヤドリギの緑がしたたるからで、ヤドリギは死の世界からの再生を象徴する聖なる植物であるとともに、万能薬とされた。オークはそのヤドリギを寄生させることができるため、いわば生命力の源にあたる。そこでケルトは、生命力を与える力を神から授かった樹木としてオークを崇めたのである。

冬にヤドリギの緑がきわだつということは、宿主にあたるオークは、葉を落とした裸木でなければ

表1　オークの分類

「カシ」や「ナラ」は種なので、オーク（ブナ科コナラ属）の下部分類となる。

科	属	種
ブナ科 (*Fagaceae*)	ブナ属 (*Fagus*)	ヨーロッパブナ、シロブナ、イヌブナなど
	コナラ属 (*Quercus*)	オウシュウナラ、フユナラ、ミズナラ セイヨウヒイラギガシ、コルクガシ、ウバメガシ カシワ、アベマキ、クヌギなど
	その他	ヨーロッパグリ（クリ属）、スダジイ（シイ属） マテバシイ（マテバシイ属）など

ならない。そうでないとコントラストにならないからだ。だからこの場合のオークも、常緑樹のカシではなく、落葉樹のブナやナラだったことがわかる。ただ、ケルトの史跡にはカシも存在する。まあ個人的には、芯の強い響きをもつ「樫」の方が、奇蹟(ミラクル)にも託宣(オラクル)にもふさわしいと感じる。

そこですこし樹種の定義をしておくと、オークはラテン語では *Quercus*（ケルクス）、フランス語ではすでに述べた chêne（シェーヌ）で、日本のブナ科コナラ属にあたる。

明治時代から、よく「樫」と誤訳されてきたオークだが、オークは属、カシは種なので分類上イコールではない。オークという属の下に、落葉広葉樹として各種のナラやカシワ、常緑広葉樹として各種のカシがある。ブナもオークと混同しやすいが、ブナ属なのでオークとは属が違う。ただしオークとおなじブナ科なので、「ブナの仲間のオーク」というのは間違いではない。また「樫は誤訳で楢(なら)が正しい」とされる場合もあるが、これもまた一種の誤訳である。ナラはナラ亜属の落葉樹のことなので、やはり「コナラ属」といわなければ、カシとおなじく分類が狭まってしまう。

フランスの森を構成する樹種には、*Quercus* を属名にもつ木が多い。

これが英語のオークにあたる。そのなかで多いのがナラの仲間だ。この本ではフユナラやヒイラギガシなどと樹種を特定する場合を除いて、これらを属名のオークで統一しようと思う（表1）。

さて、樹木信仰の実践者はドルイド僧、すなわちドルイド教の祭司たちだった。「樫の木の賢者」と呼ばれたドルイド僧は、神学ばかりか文学、詩、倫理、政治学、自然科学にもすぐれていた。民衆から無条件にリスペクトされていたのは、ドルイド僧だけだった。ヤドリギの摘み取りの儀式では、ドルイド僧がオークの木の下に立ち、生贄の白い雄牛二頭を神に捧げた。そして祭祀（まつり）のみならず政治（まつりごと）も、リーダーであるドルイド僧が執りおこなっていた。

ガリアがローマに支配されると、ローマ・カトリック教会はカトリックの布教を強め、ここからは「ケルト・キリスト教文化」が発展していく。またブルターニュを含めた「大陸のケルト」に対して、「島のケルト」と呼ばれるようになるのが、アイルランドやスコットランドのケルト文化とされてきた。現代のＤＮＡ研究では、「大陸のケルト」と「島のケルト」のあいだに民族的なつながりはないとされるが、もともとケルトは血でつながった部族というより、感性や霊性を共有する人々の生活共同体だったのではないだろうか。

白い布の僧衣を羽織り、ときおり竪琴なども手にしていたドルイド僧は、身にまとう空気が常人とはかけ離れていて、吟遊詩人（トルバドゥール）と同様、そこはかとない引力を感じさせる。

それぞれの地域や時代に、それぞれのケルトがあった。だから樹木信仰やドルイド教というものも、一律に語ることはできない。石の寓居に隠遁して修行に励むドルイド僧は大陸にも島にもいたが、中世には自然崇拝が修道院で禁じられ、異端視されていく。ケルト系の人々が母なる女神を呼び寄せる神殿の柱と考えていたオークに、キリスト教は聖母マリアの像を組み込み、信仰の同化に役立てたという。だがそもそも多神教のケルトが、「霊魂不滅」という一点だけでキリスト教にすんなりなじんだとは考えにくい。

その後、ドルイド僧たちはどこへいったのだろうか。いまも泉やオークの森に囲まれ、ヤドリギを摘んでいるのでは？　などと想像させる。ヨーロッパ神学には、超越的存在がこの世にあまねく存在するという「ユビキタス」の概念があるが、どこにいても樹木の霊魂とともにあろうとすることで、現代の仮想現実とも共通の世界観を生きていたのが、ドルイド僧ではなかっただろうか。

ともあれこうしたケルトの森が、ここに見てきた人々のいうように、フランス人の意識の古層に根づいていることは、もはや疑う余地がない。

気がつけば森林国——一人あたりの森林面積は日本以上

ところで読者のなかには、「オークにこだわってきた国はフランスにかぎらない」という人もいるだろう。

ひとまずはそのとおりで、もとをただせばインド・ヨーロッパ語族全般に、「聖木」としてのオークへの信心はあった。つまりインドでも、スラブ諸国でも、ポルトガル（国樹がコルクガシ）でも、「オーク愛」はフランスと変わらなかったことになる。ギリシャ神話で最古の神託に属する「ドドナの神託」でも、ナイオス（オリンポスの主神ゼウス）がオークの木の葉のさざめきによって神意を告げている。

しかし印欧語の国々のなかでも、とくにオークとの縁が深かったのは、植物分布に占めるオークの割合でも群を抜いているフランスだった。世界で三〇〇種以上もあるオーク全般についての統計はないが、主要なオークについていえば、フランスはかなり優位を保っている。オークには有茎性オーク*と無茎性オーク*があり、ヨーロッパでその両方をもつ森林のうち、フランスは三〇〜四〇パーセントも占めているのだ。オークというとよく引き合いに出されるイギリスでさえ、これほど多様で豊かなオーク植生は見られない。フランスとオークの縁が深いのは、フランスの片想いではなく、「オークに選ばれた国」でもあるからなのだ。

そこで、オークとフランスの親密な関係はそろそろ確定事実とみなし、ここからは広葉樹全般を見ていくことにしよう。

フランスの国土面積は五五〇〇万ヘクタール。森林面積は一七三三万ヘクタールで、国土に占める森林面積の率は三一・六六パーセントだ（二〇二三年末時点）。所有区分では国有林が約九パーセント、公有林が約一六パーセント、私有林が約七五パーセントを占める（地図4）。樹種別の蓄積は広葉樹が六七パーセント（ナラ三四、ブナ一五、シデ八、ポプラ一、その他九）、針葉樹が三三パーセント（フランスカイガンショウ一二、ヨーロッパアカマツ七、モミ七、トウヒ三、カラマツ一、その他三）となっている。

地図で見ると、国土の北と東の山脈を針葉樹が覆い、南の地中海沿岸は乾燥と夏の暑さのため森がすくない。そして中西部には温帯湿潤気候の平原が広がり、ここがフランスでもっとも広葉樹に覆わ

図10　厳しい気候条件に適応したコルシカの灌木林「マキ」
シラカシや月桂樹の低木から、ラベンダーやクレマチスといった草花までが複雑に生い茂る。

れた地域である。
　広葉樹には、ミズキもニセアカシアもクルミも含まれ、街路樹のマロニエやプラタナスもある。ヒースの荒地もあれば、コルシカ島の灌木林の名が一般名称化したマキもある（図10）。東部ジュラ県のサン・クロードというコミューンは、パイプづくりの世界的な中心地として知られてきたが、根がパイプの原料になるブライヤーも広葉樹の一種だ。フランス広葉樹の樹種、主な産地、製材としての用途などは次々

＊**有茎性オーク**　有柄性オークともいう。茎と果実のドングリをつなぐ花柄がある。
＊**無茎性オーク**　無柄性オークともいう。茎にそのままドングリがつく。

項にまとめた。

さて、そもそもフランスは「森林国」と呼べるだろうか。

森林面積が国土に占める率を「森林率」という。その数字だけを見るなら、北欧のフィンランド（七一パーセント）、隣国のオーストリア（四七パーセント）、そして日本（六五パーセント）などとくらべて、フランスは約三二パーセントと低くなる（二〇二三年末時点）。ちなみにドイツもおなじく三二パーセント台である。にもかかわらず、「森を壊して築いた文明」というステレオタイプでしか西洋史を見ない人々から、真っ先に槍玉にあげられてきたのがフランスだった。

しかし、砂漠に土漠もあれば土のない寒冷砂漠もあるように、森林国にもさまざまなタイプがある。フランスは修道院活動による「大開墾」と、それに続く戦乱などで、森林被覆率が一〇パーセント台まで落ち込むという時代もあったが、その後の森林保護政策で三倍近くまで森を取り戻してきた。現在、フランスの人口一人あたりの森林面積は、日本の〇・一九ヘクタールを上回る〇・二五ヘクタールと高い。

それも、ただ緑を増やせばいいという単一植樹や早生樹のみの造林ではなく、複雑な地理に応じた多様な樹種選定と土地利用で成し遂げてきた。単調さを嫌う国民性のせいか、よそにない多様性を重んじる林業技術や森林管理システムも生み出している。さらにその森には、フランス革命以来、土地所有形態のあいつぐ劇変を経て、さまざまな変化に耐え得るレジリエンスも備わっている。一九九九年のサイクロンに大打撃を受けながら、森林再生を続けてきたのもそんな実例のひとつだ。

二〇世紀末の一九九六年、フランスの森林面積は国土の二六・四パーセントだった。現在までの約三〇年間で、五パーセント以上も伸びたことになる。確かに北欧や日本などとくらべれば、フランスの森林率はまだまだ低い。しかし増加率で見れば、世界でも一時トップクラスに入るほど高かった。あとで述べるような多様性重視のスタンスを古くからつらぬきながら育林に成功した国というのは、先進国でもかなり少数派に属する。

こうした経緯も踏まえると、フランスは森林国の名に値する。数々の歴史的人物たちとも深くかかわっている森林再生史こそ、じつはフランス史の底流あるいは本流とさえいえる。

恵まれた森林資源を一度も失うことなく保全してきた国々とは違い、あるときは人口圧力に屈し、あるときは経済成長や国を挙げての戦時態勢に譲歩しながら、臨機応変な粘り腰で森林再生を達成してきたのがフランスだった。荒廃した森林から自然を回復させてきたこのような林業は、まさにいま森林破壊に直面している地域に応用可能な、生態系保全の一類型となっていくことも考えられる。

モザイク国土が生んだ「適地適木」

次にフランスの森林植生を見ていこう。

海外県や海外領を除いたフランス、つまりフランス・メトロポリテーヌは、よく正六角形にたとえられる（地図1）。

南部から北東部にかけては、いくつもの山脈がつらなっている（ピレネー、アルプス、ヴォージュ、アルデンヌなど）。また西部、すなわち大西洋側には、わりあい平坦な土地が見られる（北部平野、パリ盆地、アキテーヌ盆地など)。これらの影響が互いに入り組んで、国内の地形、気候、土壌の分布はどれも複雑なモザイク状になっている。

そこでは植生分布もなかなかのカオスだ(地図5)。まずもっともおおまかに区分すると、北部と西部の平野部に広葉樹(ナラ類、カシ類、カバ類、ニレ、アカシデなど)、南部と東部の山間部に針葉樹(モミ、トウヒなど)が多い。一方、地中海沿岸に属し、夏のあいだ強い日射にさらされるプロヴァンスでは、乾燥に強いコルクガシ、オリーブといった適応種が見られる。また人工林の代表例としてよく挙げられるのは、大西洋海岸沿いのランド地方で、ここではヨーロッパアカマツやフランスカイガンショウによる砂防造林が一九世紀におこなわれた。

このおおまかな分布から、もうすこし地域と樹種にフォーカスすると、西部ではオウシュウナラ(ヨーロピアンオーク)、パリ盆地ではセシルオーク(フユナラ)が優勢で、そこから東や北の山脈にかけて広葉樹種は針葉樹と混交しながらブナへの交替が見られる。あとで述べるように、ナラやカシは暖帯林、ブナは温帯林に生えるという違いがある。ただしブナのうち、寒気と湿気に比較的強い種は、北西部やパリ盆地の低山にも見られる。

針葉樹はヴォージュ、ジュラ、アルプス、ピレネーの各山脈の優占種である。大規模人工造林の樹種としては、すでに述べたランド地方のフランスカイガンショウに加えて、ソローニュのヨーロッパアカマツ、セヴェンヌのクロマツ、プレアルプス*のヒマラヤスギがある。地中海地域では、暖帯林のセイヨウヒイラギガシが石灰岩土壌に多く、コルクガシはケイ酸質土壌に多い。

こういった多様性に富む地理的条件のもとでは、林業も「適地適木」が大原則となる。国土が複雑なモザイク状であるだけでなく、小規模な私有林が多いことも手伝って、人工林についても適材を適所に配置する、きめ細かな森づくりがおこなわれている。

たとえば広葉樹の大径木*を生産する森林のひとつに、ドイツ国境近くに位置するロトリンゲンのナラ林がある。ロトリンゲンはナンシーと、モゼル、ムーズ、ヴォージュの三県からなる地方だ。この土地は針葉樹にも広葉樹にも適しているが、広葉樹は樹高の高い森林（高林。五五ページ参照）に育てるのが難しく、あとに述べる中林や萌芽林（萌芽更新〔一〇五ページ参照〕中の低林）から高林へと誘導する必要があった。

このような場合に用いられるのが、長い歴史をもつフランス式の林種転換システムである。これはまず成木を部分的に伐採する。その後、地面に落ちた種子が発芽する。それを待ってから成木をすべて伐採する。この段階的な伐採は「傘伐（さんばつ）」と呼ばれる。日陰で発芽するナラの性質を利用したこの方法は、ドイツ林業の成果といわれてきたが、フランスでは天然更新の方法として、民間で古くからおこなわれていた。幹の太い高林を育てるだけあって、この場合の伐期は非常に長く、複層林（五五ページ参照）の広葉樹がおよそ二〇年なのに対して、ロトリンゲンのナラはじつに一八〇〜二〇〇年を輪伐期とする。

こうした施業も、長い時間をかけて本数基準や樹高限界の試験を繰り返しながら、土地に合った樹

***プレアルプス**　アルプスにつらなる中小の山地をいい、フランスでは南東部のフランスアルプス中央部低地。

***大径木**　成人の胸の高さで測った幹の直径（胸高直径）が七〇センチ以上の木。

種と管理方法を定着させてきた結果である。

山脈の地質にはぐくまれ――フランスのおもな樹種

ヨーロッパには樹種の数がすくない。かつては広葉樹が三〇種（六〇変種）、針葉樹が七種（一四変種）あるといわれていた。このうち、フランスの森に多い樹種は広葉樹が八種、針葉樹が四種。現在では森林の定義が統計機関によって多様化し、この数は増えている。巻末に、フランスにある樹木約一〇〇種を学名・仏名・和名・英名で一覧掲載してあるが、これは変種や亜種を細かく選び、園芸種にいたるまで幅広く含めた場合である。

北米の広葉樹一一〇種（二二〇変種）・針葉樹一三種（三〇変種）や、極東の広葉樹一五〇種（四〇〇変種）・針葉樹二六種（一〇〇変種）とくらべても、やはりヨーロッパの樹種はすくない。その原因として、次のようなことが考えられている。

それは山脈の横たわる向きの違いである。北米や日本では、山脈の多くが南北方向、つまり縦に走っているのに対し、ヨーロッパの山脈はヴォージュ、アルプス、ピレネーとも、どちらかといえば東西方向に横たわっている。そのため、四度にわたる氷河期に、北米や極東では植物が南北間を行ったり来たりすることによって、気候変動に対応し、種の絶滅をまぬがれやすかったのにくらべ、ヨーロッパでは東西に延びる山脈が種の移動の障壁になりやすく、そのぶん絶滅種が多くなったと考えられる。ただしフランスの場合、その限られた樹種のうち、いま述べたとおり広葉樹が三分の二を占めるのが特徴だ。山脈には樹高の高い針葉樹ばかりがそびえるようなイメージも、東部におけるヨーロッパモミとセシルオークの混交林のような例によって払拭されるだろう。

地質を見ていくと、右にあげた山脈で浸食された岩石の成分（ケイ酸、マグネシウム、石灰など）が、表土を広く覆っている。日本のように雨が多い気候では、こうした栄養分が流されて酸性土壌が残りやすいが、フランスでは岩石の微量要素が、比較的失われることなく土のなかに残っている。これは残積土（二〇三ページ参照）が多いこととかかわりがある。

さらに地形的には、構造平野によくある「ケスタ」の斜面が特徴である。これは折り重なった硬い地層と軟らかい地層のうち、軟層が削られて硬層が階段を重ねたような傾斜をなしていく地層で、水はけがいい。さらにその水は、オーヴェルニュのピュイ・ド・ドーム山の地下から湧き出す鉱水のように、滋味の豊かな名水*が多い。

こういった地形や地質や気候があいまって、平野部では酸性化しにくく広葉樹に適した大地が多くなっている。

以下にフランスでよく見かける代表的な樹種（広葉樹八種、針葉樹四種）とそのフランス名をまとめておく。

＊名水　地球の深層から隆起してできている火山岩はミネラル分が多い。とくにオーヴェルニュの火山岩由来の地下水は、植物にとっての滋養分が豊富。世界的に有名な飲料水としても利用されている。

広葉樹

オウシュウナラ（ヨーロピアンオーク、コモンオーク）（chêne pédonculé）

ヨーロッパのほぼ全域に見られる、ブナ科コナラ属の常緑広葉樹。樹高は二五〜三五メートル。

樹冠がドーム状をしていて、落葉性の葉が密集している。オークという名からもっともイメージしやすい樹形の木である。枝先から柄を伸ばしてドングリをつけるので、フランス名「シェーヌ・ペドンキュレ」の意味は「柄のあるオーク」。これは花柄と呼ばれるが、葉に葉柄はなく、茎にそのまま葉がついている。逆にフユナラは、葉柄はあるが花柄がない。こうした形態の違いも、亜種・変種の多いオークの遺伝的多様性からきている。

ヨーロピアンオークのドングリは樹齢六〇年以降、二〜三年ごとに実る。若い木の樹皮はグレーで光沢があり、年数を経るとともに暗さが増してくる。オークの用途はすでに述べたように、建材から機械部品まで多彩をきわめる。

コモンオークのことをイギリスではイングリッシュオーク、フランスではフレンチオークと呼んだりするが、どちらも正式な分類名ではなく、イギリス産オーク、フランス産オークというほどの意味である。

フユナラ（セシルオーク）（chêne sessile, chêne rouvre）

ヨーロピアンオークとおなじブナ科コナラ属の落葉広葉樹。ヨーロッパ全域からアナトリア（いわゆる小アジア）にかけて自生する。

小枝から伸びた一センチぐらいの葉柄に葉がついている。手の指のように葉に一つひとつ入った切れ込みのことを裂片（れっぺん）というが、ヨーロピアンオークやセシルオークの葉には丸みを帯びた裂片がある。この裂片が、オーク特有のキュートな葉のかたちを生んでいる。樹高は二〇～四〇メートル。果実のドングリは無柄（無茎）。樹皮は樹齢三〇年ぐらいまではすべすべしていて、歳をとると縦の割れ目が入るようになる。広葉樹のことを「硬木」ともいうが、その名にふさわしくフユナラも丈夫で腐りにくい。そのため船舶や酒樽に用いられてきた。

低地に多いヨーロピアンオークに対して、高地でコロニー*をつくるのがセシルオークだ。この両者のテリトリーの重なるところで、交雑によって生まれてくるのが *Quercus rosacea* という種で、オーク界のハイブリッドと呼ばれている。

セイヨウヒイラギガシ（chêne vert）

樹高二〇～三〇メートルの常緑広葉樹。ブナ科コナラ属。

和名に「ヒイラギ」とついているように、葉はヨーロピアンオークやフユナラとは違った棘状または鋸歯状で、硬く光沢のある外観が特徴だ。地中海沿岸から南アルプスまで分布。炭酸岩質や石灰岩

＊コロニー　生態学では、同一種の生物が形成する集団。

質の土壌に生える。
樹冠は丸く広がっていて、幹は低い位置で枝分かれする。長さ六～一五ミリの葉柄の先についたドングリは、細長いかたちをしている。隣国スペインでイベリコ豚に飼料として与えられてきたドングリは、このセイヨウヒイラギガシと次に述べるコルクガシの果実である。

コルクガシ（chêne liège）
ブナ科コナラ属の落葉常緑樹。樹高は一二～一五メートルで低木に分類される。
樹齢二〇〇～八〇〇年と長く、コルク樹皮・飼料用ドングリ・木材が収穫できる。人間にとってじつに有用なパートナーである。若い枝は明るいグレーまたは白で、のちに色は濃くなり、樹皮に亀裂が入り節くれ立ってくる。これがワインボトルの栓にも使われる天然コルクだ。一時期、その栓が樹脂で作られるようになってコルクの需要が低迷したが、やがてふたたびコルクが用いられるようになり、コルクガシ林業ももち直した。
保温や防音の効果もあるため、コルクは断熱材や壁材にも使われる。濃い緑色の葉は、裏面を薄い毛の層に覆われ、鋸歯をもっている。ドングリは細長く、両端がとがっている。ポルトガル、スペイン、イタリアに次いで、フランスはヨーロッパで第四位のコルク生産国である。

ヨーロッパナラガシワ（ダウニーオーク）（chêne pubescent, chêne blanc）
樹高約二五メートルの落葉広葉樹。ブナ科コナラ属。

カシワとカシは混同しやすいが別もので、カシは常緑、カシワは落葉である。鹿の角のように張った枝と、密集した葉で丸みを帯びた樹冠や樹形を構成している。葉の表は緑が濃く、裏は薄い。花柄のないドングリをつける。新芽は密集した薄い体毛に覆われていて、英名 Downy oak（綿毛のオーク）もここに由来する。仏名の chêne blanc は「白いオーク」の意味だが、日本の常緑広葉樹シラカシとは異なる。おなじ植物に雄花と雌花がつく雌雄同株。

根は世界三大珍味のひとつといわれるトリュフの栽培にも使われる。ダウニーオークの裂片は、セシルオークやヨーロピアンオークにくらべると不規則で、葉はどちらかといえば細長い。

ヨーロッパブナ（hêtre commun）

樹高三五メートルほどの落葉広葉樹。ブナ科ブナ属。

ブナはナンキョクブナから日本産のイヌブナまで一〇種類ほどあり、ヨーロッパブナはヨーロッパ、アジア、アメリカ大陸に広く分布する。ドイツトウヒやヨーロッパモミなどとの混交林をなしていることもある。

樹皮は薄く、明るい灰色で、表面に溝がある。表皮が薄いため、病気や損傷には弱い。葉はシンプルな卵形や楕円形をしていて、先端が尖っている。また光沢があり、明るい緑色をしている。葉から蒸散される水分は、大気中の湿度の維持や水循環に大きな役割を果たしている。秋には赤銅色に紅葉し、下枝の方の葉は枝についたまま、散らずに冬のあいだを過ごす。

木の実は柔らかいトゲのある殻にくるまれ、三角形。根は深く伸びるが、水はけの悪い地層や稠（ちゅう）

密な土壌では、地面の上に根が張り出していることがある。

ブナの生育には菌根*との共生が不可欠で、水分供給、バクテリアからの保護、成長物質の分泌といった恩恵を受けている。樹冠は六〇度ほどの広がりで、ほかのオークにくらべて狭い。男性的で威風堂々たるカシに対して、ブナのシルエットは女性的である。野生のブナは品種が限られているが、園芸品種の数は四〇種を超す。それほど観賞に値する樹木ということになる。

ブナの用途は何といっても薪で、火もちがよく火力の強い炭になる。そのほか椅子やテーブルなどの家具にも用いられている。

ヨーロッパグリ（châtaignier）

ヨーロッパグリ（セイヨウグリ、*Castanea sativa*）と、日本にも自生するクリ（*Castanea crenata*）とがある。どちらもブナ科クリ属。樹高三〇メートル以下の落葉広葉樹。葉はヨーロッパグリの場合、鋸歯状で細長く、基部が丸く、先端が尖っている。日本のクリでは小さく縮れている。

ヨーロッパグリもクリも、綿帽子に似た尾状花序でクリーム色の花を咲かせ、雄花が上側、雌花が下側につく。その雌花が秋にはトゲのついたイガになり、三個ほどのクリの実がイガのなかにできる。トゲは捕食者から実を守るのに役立っている。

ヨーロッパグリは古代ローマ時代、フランスを越えてイングランドにまで移入され、栄養価の高い実が注目されたため、修道院でも栽培されていた。マロングラッセのマロンはこのヨーロッパグリの実を使う。

成長が早く、木材はタンニン成分を含むため、屋外でも利用可能で、ポスト、柵、柱、南ヨーロッパの屋根の梁などに使われるほか、バルサミコ酢の樽もクリ材からつくられる。

セイヨウミザクラ（merisier des Oiseaux）

バラ科サクラ属の落葉広葉樹。これは代表種というわけではないが、新石器時代から自生し、フランスの植生にも文化にも大切な役割を果たしている。

日本ではヤマザクラ、アメリカではワイルドチェリーと呼ばれ、森に点在したり、孤立した土地や茂みで天然更新したり、植林されたりしている。成長は早いが、樹高は大木でも二五メートル程度。

木材の用途としては、無垢材とベニヤの両方で人気があり、家具や建材に使われているほか、燃材としても利用されてきた。

葉と果実は食用になる。葉は塩漬けにしてケーキに添えられる。食用の果実は品種改良が重ねられていて、とくにフランスの森で発見された三つの品種（ガーデリン、モンテイユ、アメリン）は、数十年にわたるテストを経て改良された。

シャンソンの「さくらんぼの実る頃」がつくられた一八七〇年代当時には、サクラの果実はいまよりも野生種の味に近かっただろう。この歌はパリコミューンの頃、第三共和政政府軍に虐殺されたパ

＊菌根　植物の根に菌根菌と呼ばれる微生物が入り込んで定着した共生体。菌は土中の窒素やリン酸を植物に与え、植物は光合成でできた糖分を菌に与える。

リ労働者たちのために歌われ、のちに映画化もされた。

針葉樹

フランスカイガンショウ（pin maritime）

樹高三〇メートルに達するマツ科マツ属の常緑針葉樹。

樹皮は、若い個体では淡いグレーで、樹齢を重ねると赤くなり、亀裂が入って片鱗状になる。土壌適応性が強く、乾燥した海岸地帯でも、泥炭地でも育つことができる。

球果（松かさ）は、播種後六〜八年で現れ、卵形ではじめは緑色だが、その後オレンジがかった茶色になる。

木材の用途としては合板、パーティクルボード、パルプがあり、また油脂を含んでいて燃えやすいので薪などに用いられている。

ヨーロッパアカマツ（pin sylvestre）

ヨーロッパからシベリアにかけて分布するマツ科マツ属の常緑針葉樹。

広葉樹のカバや、ほかの針葉樹（カラマツなど）と混生することがよくある。かなり丈が高く、樹高四〇メートルに達することもある。低緯度では高地でないと生きられないが、高緯度なら低山帯にも自生する。

一九世紀、ランド地方に築かれた大規模砂防林には、このヨーロッパアカマツが用いられた。球果は円錐形で、長さ三～七センチ、幅二～三センチ。木造建築や紙パルプに使用されるほか、テレピン油を抽出して燃料に使うこともある。寿命は通常一〇〇～一五〇年だが、例外的に六〇〇年以上生きることがある。

ドイツトウヒ（オウシュウトウヒ）（épicéa commun）

ノルウェートウヒ、ヨーロッパトウヒ、コモントウヒとも呼ばれる。樹高は五〇メートル以下で、マツ科トウヒ属の常緑針葉樹。

樹冠は円錐形で、低地では幅が広く、高地や高緯度では幅が狭い。ピレネー山脈からロシア西部まで分布している。球果は赤茶色で細長く垂れ下がる。

クリスマスツリーの代表的な木で、クリスマスシーズンには盗伐が発生することもある。

フランスでは、ヴォージュ山脈にドイツトウヒの育林地がある。幹がまっすぐ伸びるので、産業用材として好まれる。またバイオリンなど弦楽器にも使われる。

ヨーロッパモミ（sapin argenté, sapin des Vosges, sapin pectiné, sapin commun）

ヨーロッパでもっとも樹高が高く、六〇～八〇メートルになるマツ科モミ属の常緑針葉樹。

おもにヨーロッパ中部の落葉樹林で見られる。日本の北海道でもっとも多く造林されているトドマツも、このモミ属の木である。幹はシルバーグレーで、直径は二メートルほどになる。樹冠は樹齢とともに円錐形から卵形、最後は板状へと変化する。

この木もクリスマスツリーの定番。球果は細長い球形で、色はオレンジに近い黄色。木材は一般建築材や家具材やパルプ材に使われる。

中世のシトー派修道士たちは、モミの芽を発酵させることによってビールの開発に成功した。

極相(クリマ)林を生かした林業経営

さて、広葉樹林を空から見たらどんな姿だろう。

常緑広葉樹なら、濃淡のある緑がいつも林冠を埋めつくしている。

落葉広葉樹なら、紅葉シーズンに赤・黄・茶色のタピストリーが林冠を覆う。ケヤキは種を飛ばすためにシュート（徒長枝）を伸ばしている。トチノキは葉のまわりから陽光に焦がされるように変色していく。

そうした森は、広葉樹林が「極相」となる植物群落でもある。

そもそも極相とは何か。

人の顔に人相があるように、森にも林相がある。「ここは樹冠の隙間が密だな」とか、「針葉樹林なのに高木がすくない」というような森の外観、あるいは樹種構成である。そこで極相とは、時間とともに変化する林相がどのような最終形をしているのか、またはこれからどう仕上がるのかを意味する。

そしてこの極相にいたるまでの植物群落の変化を「遷移」という。

表2　陽樹・陰樹・中庸樹の種類

	陽樹	陰樹	中庸樹
針葉樹	アカマツ、カラマツ クロマツ	モミ、シラベ、ヒノキ トドマツ、アスナロ イチイ、コウヤマキ	サワラ、スギ
広葉樹	コナラ、ミズナラ クリ、シラカンバ ダケカンバ、アラカシ ウバメガシ、オリーブ マテバシイ、ケヤキ	タブ、シイ、ブナ トチノキ、ネズミモチ	エゴノキ、ビワ コブシ、シャラ

アメリカの生態学者フレデリック・クレメンツが説いた理論で、「生態遷移」や「植生遷移」とも呼ばれる。あいにく、どんな林地にもあてはまるというものではなく、いまでは適用範囲が狭められている。

ただ、森林の特徴をとらえるうえでは、不完全とはいえわかりやすい考え方でもあるので、ここでもかいつまんで述べておきたい。まったく植物の生えていない裸地に最初の植物が生え、種の交代を繰り返しながら最終的な森の姿となるまでには、おおまかな規則性がある。具体的には次のような変化が表れる。

地衣・コケ類→一年生草木→多年生草木→低木→陽樹→陰樹*

こうした順番のうち、地衣・コケ類から低木までの流れはイメージしやすい。ところが陽樹から陰樹への交代については、「え？逆では？」と首をひねる人が多い。確かに自然は「マイナス」から

＊**陽樹・陰樹**　陽樹は生育のために必要な光合成量が比較的多いため、太陽光の多い生育場所を好む樹種。陰樹はその逆。

「プラス」へ、「陰」から「陽」へと交替した方が、変遷の過程がわかりやすい。だがここでいう陽樹／陰樹とは、日向／日陰をつくる木々ではなく、日向／日陰で育つ木々をいう。

たとえば野菜にも、レタスのように光を受けて発芽する好光性種子と、ホウレンソウのような嫌光性種子とがある。樹種も発芽にある程度の光を要するかどうかによって、陰樹と陽樹の区別ができる。またスギのように、陰樹と陽樹のあいだの「中庸樹」というクラスもある。このうち、受光量のすくない環境にも適応しやすい陰樹が最終的な優占種として極相をつくるので、陽樹→陰樹という順になるのは理にかなっている（表2）。

とはいえ、この植生遷移の順にしたがって、極相がいつも陰樹の森になるかというと、そうはならない場合が多い。気候・土壌・地形といった環境影響によって、陰樹の育ちにくい林地では陽樹林が極相になる。また陰樹の極相林に陽樹が混ざっていたり、その逆だったりもする。

陰樹にも陽樹にもそれぞれ広葉樹と針葉樹が混ざっているが、広葉・針葉の区別は人間の主観で決められたものだし、陰樹・陽樹の区別にも明確な数値的基準があるわけではない。そこで森林植生では、極相林を広葉・針葉で分けることはせず、シイ林であるとか、ツガ林であるといった、個々の樹種で代表させた言い方をする。

ちなみにこの極相のことをフランス語で「クリマ」と呼ぶ。「極相」（climax）も「気候」（climat）も、読み方はともに「クリマ」だ。フランスの大学講義でこの両方の言葉が連発されると、じつにまぎらわしいことになる。「この平坦な土地はクリマが温暖だから、クリマはブナで、ここのクリマのクリマは広葉樹で――」とクリマづくしである。

ついでにもうすこしだけダジャレをいわせてもらえば、イチョウのラテン名「ジンコー・ビロバ」(*Ginkgo biloba*)から「ジングウヒロバ」という日本的な響きを連想し、偶然にもイチョウだと通じてしまったことがある。海外でも有名な日本人経営コンサルタント、大前研一氏を洋式に呼び変えた「ケンイチオオマエ」がフランス人の口から発されると、「カニシュウマイ」と聞こえて混乱する。エイズのフランス式略語「SIDA」を植物の「シダ」と勘違いした愚かな友人もいた。言葉の森には時として、とんでもない罠が潜んでいる。

閑話休題。フランスに広葉樹が多いことは、この極相(クリマ)が広葉樹林となる割合が多いこと、また針葉樹が優勢な極相林のなかに広葉樹が相当の割合で混ざっていることを意味する。潜在的な植生に占める広葉樹の割合もおそらく多いだろう。

この広葉樹の特性を生かし、生態系の保全にも役立てる林業が、本書のテーマ「広葉樹林業」である。

複層林でつらぬく「広葉樹林業」

フランス林業の大きな特徴のひとつに「複層林」がある。

その基本はまず、針葉樹からなる「高林」(futaies)と、広葉樹からなり薪炭材を生産する「低林」(taillis)を大きな二つのタイプとする。高林の伐期は約一二五年。低林は約二〇年である。そして樹高の違うこの二種類の森林を、多層式に組み合わせた森林として「中林」(taillis sous futaies)があ

図 11　複層林の施業管理
高林と低林を組み合わせて施業をする。低林は高林よりも短い周期で伐採し、薪炭用とする場合が多い。

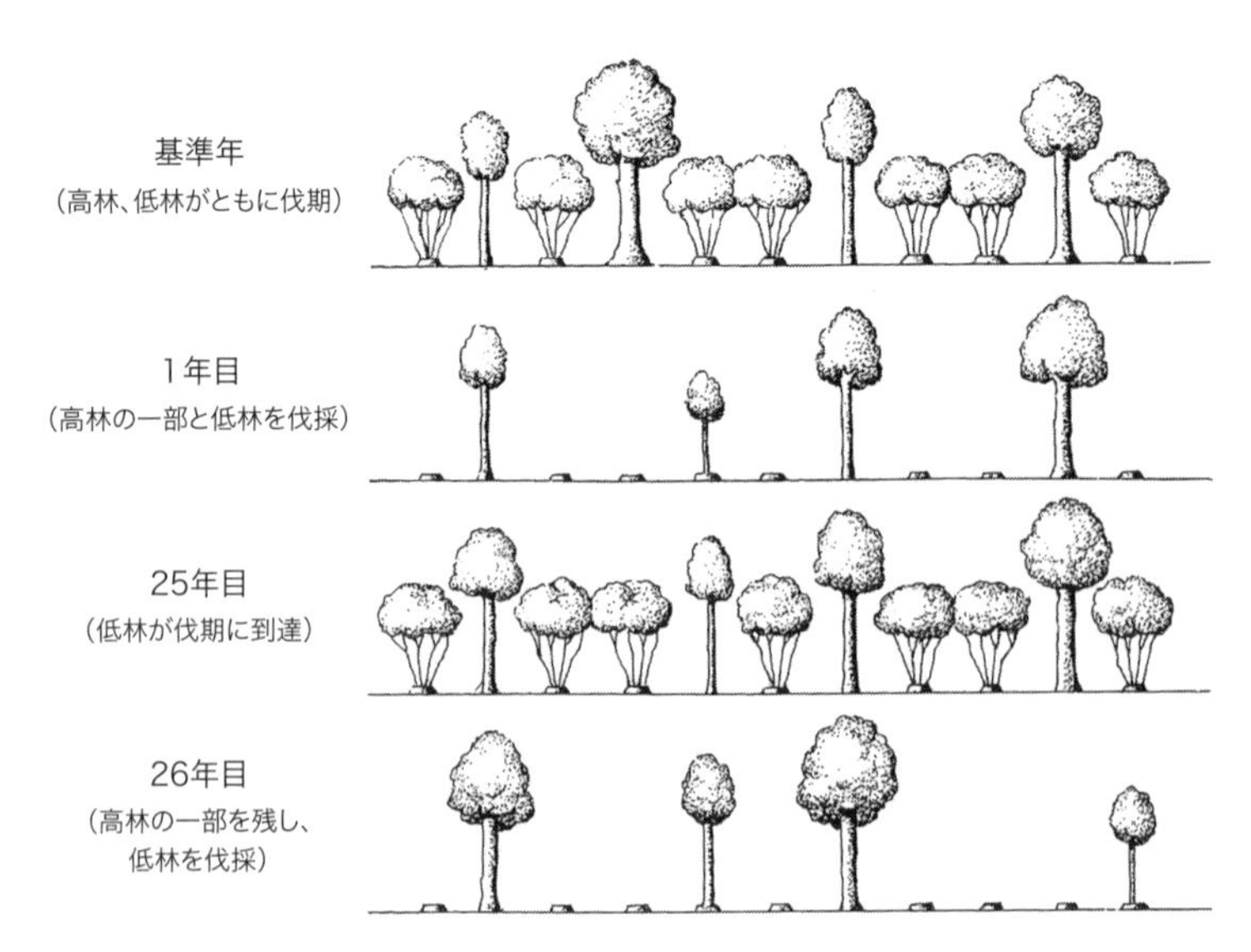

図 12　複層林の輪伐期
これは輪伐期が 25 年の場合。実際には年数よりも幹の直径で伐期を判断するため、一斉ではなく個別の輪伐となる。

る。緯度や高度などの地理的なニーズに応じて、この三つの森林のいずれかを経営していくのが、「複層林」の考え方である（図11・12）。

このシステムの最大のメリットは、産業需要の高まりでどれだけ針葉樹の生産ニーズが増えても、高林ばかりを一気に増やせない点にある。つまり中林を適度に組み合わせる必要があるため、土壌や生物多様性を維持しながら森林を増やすことになる。

平地の多いフランスでは、天然林が失われた土地を造林するときに広葉樹が植えられる。気候や土壌から見て、広葉樹の育たない土地にだけ針葉樹が植栽されてきた。針葉樹は産業上の用途が広く、成長スピードも速いので経済性が高いが、広葉樹にも広葉樹ならではの役目がある。

それは生態学的に見れば、すでに述べた土壌や生物多様性の保全だが、経済的に見れば、長いこと広葉樹の用途の主役を担ってきた「薪炭林」、つまり暖房用の燃料木材（燃材）を産する森林の役割である。

ブナやミズナラなどの広葉樹による炭は、勢いよく燃え尽きる針葉樹にくらべて火もちがよく、火力の調整もしやすい。よって薪炭といえば日本でも広葉樹材が多い。

ではなぜ薪や炭がそれほど重要なのか。それは伝統的にフランス人の考える「豊かさ」とかかわりがある。

薪を炉にくべて暖を取り、職人技を凝らした家具調度に囲まれて暮らす昔ながらのライフスタイル。これは効率優先の住宅では手に入らない。炉のある暮らしは、家族の食卓やくつろぎの時間など、有形無形の価値を生んできた。

いまは暖炉のある家庭でも、ノエル（クリスマス）のような特別な機会にしか火入れをしないことが多い。しかし、炉辺とともに息づく広葉樹文化への愛着や憧れは、そうやすやすと廃れるものでもない。

カシやブナなどの広葉樹そのものがもつ魅力に加えて、炉のある暮らしの伝統や様式美という付加価値こそ、フランスで低林が守られてきたもうひとつの大きな理由となっている。ちなみに「炉」を表すフランス語の「フォワイエ」（foyer）には、「家族」や「仲間」の意味もある。

こうしてフランスは、低林に強いこだわりを抱き続けてきた。その結果、産業用材として利用しやすい高林ばかりを大面積にわたって一斉植樹する事態をまぬがれてきた。

もちろん時代の要請にしたがい、針葉樹木材の生産を増やす政策も進められている。当然、広葉樹木材も増産される。また二〇世紀末からの林業転換では、森林の公益的機能として広葉樹林の生態系保全機能が重視されている。

低林と高林それぞれの用途を生かす国有林経営の制度化は、第Ⅱ編で取り上げる一七世紀後半の「森林大勅令」にまでさかのぼる。また、先ほどの極相林の話を踏まえてこの伝統を見つめ直すとき、そこには新たに興味深いつながりが見えてくる。

樹木が自然に芽を出して成長し、森の新陳代謝にもひと役買う。これを天然更新という。複層林の管理技術は、この天然更新も含めた植生遷移のプロセスにかなっている。なぜなら、陽樹段階の森の林床に陰樹が天然更新すれば、その森はそのまま高林と低林を組み合わせた中林になるからだ。あるいは、人間が裸地に植えた広葉樹がコピシング（一〇五ページ参照）などで萌芽更新をする場合も、林床にはあとからマツなどの陽樹が侵入する。定期伐採されるため、林冠が密にならない低木の下で日光を浴びやすいこれらの陽樹が、その環境を利用して成長し、高林をつくる。その下には相変わらず萌芽更新を繰り返す陰樹の低林があるので、結果としてはこれも中林の構成を取る。

おそらく初期のフランスの中林は、このようにして生まれてきたものだ。それを人工的な管理によって促進するようになったのが複層林経営だった。

ただし人工管理といっても、木材の生産性を優先した効率的な管理より、伐採までの期間が長い広葉樹を自発的に成長させる管理手法に重点が置かれた。この天然更新と長伐期は、フランス広葉樹林業の伝統的な特徴である。

自然の法則を解き明かし、その原理を管理技術に応用しながら動植物を利用していこうとする姿勢は、すでにルネサンス期から農民や牧畜家のあいだに芽生えていた。自然に寄り添うことは、フランスの近代合理主義の精神とすこしも矛盾するものではなかった。

一六世紀の陶工ベルナール・パリシーは、自著『ルネサンス博物問答』のなかで、科学的な探求（パリシーはそれを哲学と呼ぶ）を通じて「自然に近い庭園」という理想を実現すべきだと説いている。こうした発想の延長上に、一八世紀以降のフランスの「自然に近い林学」（sylviculture proche de la nature）というテーマが成立してくる。

「自然に近い林学」とは、いま述べた遷移のプロセスにしたがう複層林管理のように、できるだけ自然のメカニズムに逆らわず、生態系サービスを最大限に引き出す林業の探求をいう。またそこで生まれたフランス林学の標語は、「自然を模倣し、自然の働きをうながす」（Imiter la nature, hâter son œuvre）というものだ。ピレネーの林業家エティエンヌ・フランソワ・ドラレの提唱した林業の原則を、ナンシー林業専門学校第三代学長のアドルフ・パラードが要約した教えであり、これは第Ⅱ編で述べる近代フランスの林業技術にも受け継がれるキーコンセプトである。

国有林は地域色のパレット

フランスの国有林は、大規模なものは全国で三〇カ所ほどあり、一つひとつにユニークな特徴が備わっている。これは各地域の気候や地形、そして風土の多様な拡がりを映したものだろう。それぞれの森林は、その特徴をもとに管理や保全のアウトラインが決められている。その結果、景観や動植物相や保全理念もさまざまで、国有林はいわばローカルカラーのパレットといったところだ。

以下、面積一万ヘクタール以上の国有林を中心に、代表的な森林をあげてみたい。フランスは国有林よりも私有林の方が多いが、小規模経営の私有林にくらべて、国有林は一つひとつの規模が大きく、地域的なまとまりと特色をとらえやすい。

フランスのおもな国有林

オルレアン国有林（ロワレ県、三万四七〇〇ヘクタール）

フランス中部、ロリス山塊の端にある標高一〇七〜一七〇メートルの低山と丘陵の森。フランス本

図13　オルレアンの森の土場（どば）
積み上げてあるのは広葉樹丸太。

土最大の国有林である。樹種の半分以上をオークが占め、その他の広葉樹としてシラカンバ、シデ、ハシバミ、リンゴ、ライムなどがある。針葉樹では圧倒的にヨーロッパアカマツが多く、森林面積の三分の一を覆っている。

もとは王領だったが、中世に修道院に寄付され、開墾されたあと、一七世紀にオルレアン公に売却された。公爵から造林を委託された森林技師のジャン゠バティスト・プランゲがこのオルレアンの地のモンタルジ森林開発事業を手がけた。頻繁に計画が変更されたため、雑木林一万五〇〇〇ヘクタールを失って荒地化させた時期もある。その後、プランゲは林道を導入したり、ハシバミの実やドングリを利権企業から守って林業の育成に貢献したりした。

ロリス山塊は「丸太の森」とも呼ばれてい

る（図13）。私有林でアングランヌ山塊、オルレアン山塊までつなげた場合の森林面積は五万ヘクタール。二〇二〇年、生態系動植物相保護自然区域に指定された。起伏がすくないことで地表水の流れもゆるやかなため、湿地が豊富にあり、水辺に生きる鳥類やカエル、猛禽類や大型獣も含めて動物相は多種多様をきわめる。

余談だが、一八世紀にオルレアンからアメリカの仏領ルイジアナへ移り住んだ人々は、新天地を「新しきオルレアン」（La Nouvelle-Orléans）と命名した。それがジャズ発祥の地としても知られるニューオーリンズである。

ショー国有林（ジュラ県・ドゥー県、二万二〇〇〇ヘクタール）

薪炭林といえばショーの森である。フランス北東部から中部にかけてのブルゴーニュ＝フランシュ＝コンテ地域圏にある国有林。ショー山塊の中央にこの森があり、一三世紀から産業用の木炭が生産され、幹や樹皮が加工されていた。長いあいだ一大エネルギー生産地となり、製塩所、製鉄所、ガラス工場も周囲につくられた。

ショーの水脈は複雑をきわめる。域内を流れる河川だけでも、クルージュ川、ドゥロンヌ川、プルモン川、ド・ラ・ブルテニエール川、ファレタン川、グヴノン川など、大小さまざまな水路が走っている。その水がうるおす北の湿地にはハンノキが密生し、平地にはなかなか見られない高地植物も生えている。ショーの森も主要樹種はオークやトネリコといった広葉樹で、ファレタン川の近くには樹齢五〇〇年を超すオークが六本、神聖な樹木として残されている。広葉樹の樹液を求めて集まってくるカブトムシ、シロカブトムシなど、昆虫たちにとってもここは聖域（サンクチュアリ）である。

かつて炭焼き小屋で木炭を焼いていた人々の最後の集落が残るヴィエイユ・ロワには、小麦を挽く石臼、パン焼き窯、養蜂場などの跡地も見られる。

木材以外の林産物も多彩で、食用キノコはジロール（アンズタケ）、チューブアンズタケ、「死者のトランペット」といった品種も勢ぞろいしている。秋には「狩ってはいけない」キノコのカタログが書店や薬局で手に入る。またショーの森が産するゼニゴケは、フラワーアートに欠かせないアイテムでもある。日本の京都や鎌倉とおなじように、コケを自家培養している業者や愛好家もいる。

フォンテーヌブロー国有林（セーヌ＝エ＝マルヌ県、二万一六〇〇ヘクタール）

この森だけで一冊、いやシリーズの本が書けるほど、奥深く幅広い自然と文化の魅力をたたえた森。パリ南東の郊外にあって電車やバスで一時間程度という便利さもあり、年間一六〇〇万人以上がフォンテーヌブローを訪れる。オークをはじめとする広葉樹が樹種の七割を占める温帯の樹林帯で、豊かな植物相と動物相を抱えた林地が自然保護区や生物保護区に指定されている（図14）。

フォンテーヌブローといえば、テオドール・ルソーやカミーユ・コローといったバルビゾン派の画家たちが描いた大小さまざまの森が思い出される。じつは彼らが好んで描いたのも広葉樹林だった。

一八三〇年代にナンシー林業専門学校の最新式施業方式として、自然を再生させるという名目で針葉樹（マツ）の植林とそのための一万七〇九二ヘクタールの一次林伐採がおこなわれたときには、「景観を歪めるな！」とバルビゾン派が反対運動を起こしている。この争いは一八三七年、フォンテーヌ

図 14　砂岩が特徴のフォンテーヌブローの森
ヨーロッパブナ、トウヒなどの自然な混交林。こうした生物保護区のほか、生産林も利用されてきたが、2002 年、立木全体が保護林に指定された。

ブローの森の伐採停止措置という決着を見た。その林地は自然保護区、のちには「芸術保護区」に指定されている。これはアメリカにイエローストーン国立公園が誕生する前から存在した、世界初の自然保護区である。しかし同時期にフランス政府は、フォンテーヌブロー内の別の場所にちゃっかりとマツやコノテガシワという針葉樹も植樹している。

そのほか生物保護区には、一本一本の木の幹に白いペンキで番号が書かれ、パリのアウトドア用品店「オー・ヴュー・カンプール」で手に入る森林地図にも、その数字が番地のように振られている。実際、その番号は保護樹木の住所として扱われる。

針葉樹種としては、ヨーロッパアカマツ、フランスカイガンショウが多い。草本類ではジャノメエリカ（エリカ・テトラリクス）が生え、いわゆるヒース*を形成している。動物相も豊かで、森林のあちこちにイノシシの巣が見られる。かつてここに棲んでいたオオヤマネコやヨーロッパオオカミは絶滅したが、オオカミはその後、複数地域で再導入が図られている。

緑豊かな樹林とは対照的に、コケの生えない岩石のつらなりが目立つのもこの森の特徴で、数万年前に堆積した砂岩が四〇〇〇ヘクタールを占めている。純度の高い石英の粒からなるその砂は、ガラス製品や光ファイバーに利用される。地元のパンフレットには、「過去には石油も採掘できた」とあるから驚きだ。

コンピエーニュ国有林（オワーズ県、一万四四〇〇ヘクタール）

北フランス、オー＝ド＝フランス地域圏にある国有林。ブナやカシの木材生産と狩猟でよく知られる。

ここはガリアの時代には広大な湿地だった。古代ローマ時代に一部は開墾され、のちに放棄された。中世後期から湿地に樹木が生えるようになり、その後植林もおこなわれて、現在のようなたたずまいの森になっている。フランスの文学作品によく出てくる「キュイーズの森」は、この地域と一部重なるキュイーズ村の森のことで、コンピエーニュの森のことをさす場合もある。

この森でもっとも古い木はヨーロッパイチイの古樹で、樹齢八五〇年といわれる。また、オークは

＊ヒース　一般にイングランド、アイルランド、フランスなどで平原に見られる荒地を意味するが、同時にエリカやジャノメエリカのようなエリカ属の植物も表し、こうした植物に覆われているのが「ヒースの荒地」である。

図15　彼方までオークの大樹とヨーロッパアカマツが林立するアグノーの森

サン・ジャン・オー・ボワの修道士によって植えられた樹齢七五〇～八〇〇年のものが最古といわれる。針葉樹としてはスギ、コルシカ原産のラリシオパイン（ピレネーマツ）などがある。

シカ、ノロジカ、アライグマなど一六〇〇種の野生動物が定着しており、ONFではこうした動物たちを猟犬や猟銃を使って狩猟し、最適個体数をコントロールしている。

近隣にはシャンティイの森と美しい城がある。そこは新石器時代からオーク、ボダイジュ、ニレなどの広葉樹が優勢だったが、大開墾時代に原生林は消失している。

アグノー国有林（バ＝ラン県、一万三四〇〇ヘクタール）

ドイツ国境、グラン・テスト地域圏で最大の国有林（図15）。中世には多くの隠者が集まり、アグノーは「聖なる森」と呼ばれた。その隠者のひとりだったアーボガストは、ザウアー川の近くにアルザス最初の修道院を建て、のちにストラスブール司教に任命された。隠者たちが住んだ森にはオークの大木があり、いまではその脇に礼拝堂が建てられている。

フローラ（植物相）は、オークとヨーロッパアカマツがともに三四パーセントずつを占める。野生の草花にはアイリスやニチニチソウなど、日本に観賞用として入ってきているものも多い。

地層には青銅器時代の古墳も見つかっており、金の指輪、琥珀のビーズ、イヤリングなどの宝飾品も多く出土している。

第Ⅱ編で、戦火のたびに林種の変わった地域としてアルザス・ロレーヌを挙げるが、独仏で林種まで転換し合ったとなれば、人工物にいたっては推して知るべしである。ここアグノーでも、神聖ローマ帝国時代の礼拝堂をフランスが破壊したという史実が残っている。

アルザスにはこのアグノー国有林のほか、同規模の面積一万三〇〇〇ヘクタールを誇るハルス国有林（オー＝ラン県）もある。そこにはヨーロッパ最大の天然シデと、西ヨーロッパにはめずらしいステップの草原が見られる。

レッツ国有林（エーヌ県、一万三三四〇ヘクタール）

フランスでブナがもっとも美しいのは、ピカルディーとオート・ノルマンディーである。そして「ピカルディーの広大なブナ林」といえば、このレッツ国有林をさす。エーヌ県のほか、オワーズ県にもまたがる。そのブナ林は、四〇〇年かけて人間の手で再生された森林だ。

隣国イギリスでは、一三世紀のマグナ・カルタの一環で、森林についても「フォレスト憲章」がつくられ、ドングリや牧草から砂粒にいたるまでの厳しい施行細則が設けられていた。フランスでも一三四一年、フィリップ・ド・ヴァロワ（オルレアン公）が枯れ木、枯れ枝、伐採した木、落ちた枝を隔週で七個ずつ所有する権利を修道士たちに与えた。権利は受けられるが、販売はできなかった。

森林管理と林業を法制化するため、五年後に父である国王フィリップ六世は世界初の「森林法典」を制定した。これがフランス全土における「水・森林管理」行政の正式なスタートとなった。

この森のオークは、おもにオウシュウナラ（ヨーロピアンオーク）である。針葉樹としては人工造林で生まれたトウヒ林があるが、一九三三年に病虫害を受けた。パリに薪炭を供給しすぎて広葉樹も減少したため、第二次世界大戦中にレッツの森はフランス本国内でもとくに荒廃した。政策に影響されることは多かったものの、地図に見る森林の境界はほとんど変わっていないのがこの森の大きな特徴である。

二〇二三年一一月、この森の近くにあるヴィレール・コトレ城は「国際フランス語センター」へと大改修されて話題になった。

エグアル国有林（ガール県、一万一四〇〇ヘクタール）

セヴェンヌの山岳地帯で、再植林によって荒廃からよみがえった森林。多種混合の植生は、ブナ、モミ、トウヒ、クロマツ、ラリシオパインなどで構成される。ＯＮＦは過去一〇年間、ことエグアルにおいてはベイマツ、マツ、スギの小さな林地をつくるだけにとどめている。また、天然更新や混交林とおなじく重要な林業の考え方として、ここでおこなわれている「不規則な施業」がある。めざすところは、おもに樹齢の点で多様性をもった樹林の育成と、さまざまなバランスや耐性をもった森林づくりである。

第Ⅱ編に登場する植物学者シャルル・フラオーがここにつくった樹木園とは、プエシャグート樹木園である。これは二〇世紀初頭に造園され、いまも天然更新が続いている。

エグアルの気候は非常に厳しく、視野全体が霧で覆われることもあれば、突然の嵐や落雷に見舞われる日もある。エグアルの森は、こうした極端な気候に対しても強い耐性をもつ。プエシャグート樹木園は天然の苗床であり、そんな苛酷な気象条件への植物の耐性を観察する実験場でもある。

トロンセ国有林（アリエ県、一万五〇〇〇ヘクタール）

高地の固着性オークを特徴とする森。「トロンセ」の名も、固着性オークの古名「トランス」に由来する。オークのほかには、ブナ、シデなどの広葉樹が植生の大半を占めている。

一七世紀に財務長官コルベールが海軍強化のために一〇〇万ヘクタールのオークの森をここに造林した。長生の複層林オークを早期収穫のために植えた例は、昔のフランス林業にはめずらしい。ここは「コルベール高地」と呼ばれ、トロンセ最古の林分もここにある。

製鉄業が興隆した一八世紀には、木炭を燃料とする鍛冶場がトロンセに建設され、森林の三分の二が木炭となって消失した。その木炭を大量に燃やして製造した鉄がエッフェル塔の建設に用いられたせいもあって、パリでは作家モーパッサンが新名所のエッフェル塔を「醜怪な鉄のかたまり」と呼んで目の仇にした。ところが彼は、エッフェル塔一階のレストランには通いつめた。理由は「エッフェル塔を見ないですむから」だったという有名な逸話が残っている。

猛禽類（ノスリ、ハイワシ、オオタカなど）や昆虫（オサムシ）などの動物相に特徴があるほか、古くからここに集まり住んでいた農民、林業家、冶金(やきん)職人、タイル職人などの生活の面影を残す遺跡も見つかっている。「アポロンのオーク」や「ムルテンのオーク」など、すでに伐採されたが注目すべき古木も数多く存在した。


以上でふれてきたように、どの国有林においても、広葉樹が中心的な役割を担っている。広葉樹が豊富なだけでなく、その生態系や林産物との緊密な関係を個々の地域が維持している。

北部と東部の山脈では、広い範囲にわたって針葉樹林に覆われている。だが実際は、そこにも広葉樹が混交していて、全国の森林モザイクを集約したような植生になっている（とくにアグノー、ハルス、エグアルをはじめとする北部）。

広葉樹林文化――そう呼べる要素が、景観にも、産業にも、社会全般にも浸透している。フランス人のものの考え方の根本に、葉つき豊かで枝ぶりもいい一本の広葉樹であろうとする特質があるように思えてならない。

アーボリストのたゆまぬ修練

実際の割合からいうと、フランスには国有林よりも圧倒的に私有林が多い。国有林は森林面積の一一パーセント、公有林は一七パーセントであるのに対して、私有林は七二パーセントである。零細な組織や個人が林業経営の大部分を担っているため、管理低下に陥りやすいのが難点だ。

それには林業のコスト高もかかわっている。複層林は技術集約型である。伐採や更新の仕方が何種類もあり、個々に専門技能を要する。複層化していない低林でも、天然更新や伐採にともなう作業はおなじように必要となる。

広葉樹は枝や幹が思い思いの曲線を描き、傾斜地では木の重心も大きく偏りやすいので、伐採や枝打ちをするときに、幹の下から上へ向かって長い亀裂ができやすい。

これを防ぐための重心の見極め、伐採手順、クサビの使い方などがモノをいうことになるが、ここに広葉樹林業特有のノウハウがある。

そもそも林業の現場に携わる職種には、フォレスター、ロガー、アーボリストがある。フォレスターは林業家や林務官、ロガーは伐採業者、そしてアーボリストは林業技術者や樹木医を含む樹木の専門家である。互いに重なるところもあるが、林業の技術や知識を森林のスケールで扱うフォレスターに対し、一本一本の樹木にそれを適用するのがアーボリストといえる。

アーボリストの仕事は、木材生産と並んで樹木の保全技術もベースとしている。重要な文化遺産を復元する技術をもったエキスパートの役割も兼ねている。と同時に、管理の行き届かない森林の樹木を生かし、採算ベースで管理していく仕事も、アーボリストの職域に含まれる。

その仕事は伐採、樹木診断、剪定、樹木を保全するレストレーション・プログラムの実施など、およそ樹木をケアする技能全般にわたっている。トレーニングや安全講習などを通して理論と実務を学び、日頃から実践的なスキルを高める必要もある。

このアーボリストの国際的な認可団体として国際アーボリカルチャー協会（International Society of Arboriculture：ＩＳＡ）があり、アーボリストの仕事に必要となるライセンスや認証は、この協会が発行している。またそのライセンスの種類は、伐採だけではなく高所での安全なチェーンソー使用、樹上での救助法や剪定術、樹上から木材を吊り下ろすリギングという技術など、やはり細かく多岐にわたる。

広葉樹林は一本一本の木ごとに癖がある。だからこそアーボリストの技術がなくてはならない。とくに樹齢を重ねた木の場合、たくさんの枯れ枝の重みで幹がへし折れてしまうこともある。萌芽更新のポラード*の技術も組み込み、こうした枝をまわりの環境と調和させながら、自然な造形に似せてチェーンソーで伐っていく。アーティスティックな感性がモノをいう作業だ。さらに高所へのクライミングは大いに危険をともなうので、つねに神経の張り詰めた作業となり、地上スタッフと声をかけ合いながらの連携も欠かせない。

このようにたゆまぬ努力と修練を要するアーボリストの仕事が、近年とくに注目されてきている。幅広い知識や技能を身につけたアーボリストたちが、林業のスペシャル・ジェネラリストとして担う役割と期待は大きい。

脱力系サスティナブルな私有林

こうした広葉樹林業の技術にはコストがかかるという話に戻ろう。このため、私有林の森林ストックのなかには、資金の行きづまりからやむなく放置される林地も多かった。なかには環境保全や生物多様性保全のために、国から「むしろ放置すべし」とされている森林もある。しかし多くの部分は、所有者が細分化されているために人員を確保しきれず、管理できていない放置林である。

これについては、いままでにいくつかの対策が進められてきた。

まずは補助金の導入である。特別会計で創設された国家林業基金*（ＦＦＮ）は、低林の高さに届かない矮林（わいりん）での林種改良を含めた造林計画や、林道の整備などに財政支援をおこなってきた。一九六三年の法律では、二五ヘクタール以上の私有林について、農林大臣の指定した地方生産指導要領にもとづく管理計画を作成することが義務づけられている。またこうした私有林の管理は、所有者の代わりに各地域の林業センターがおこなうことになった。ただし、一九九九年にＦＦＮ自体は廃止され、以後は九〇団体の専門職組織による農業セクターの促進をめざした強制・任意拠出をはじめ、複数の資金援助スキームによって林業支援がまかなわれている。

次に生産性の向上。これは用材林と呼ばれる、木材生産性の高い森林への林種転換を通じておこな

＊ポラード　萌芽更新で、枝を密生させるために幹を地上二〜三メートルまで短く刈り込むことを台伐りといい、台伐りで刈られた木や生じた萌芽のことをポラードという。

＊国家林業基金（Fond Forestier National：ＦＦＮ）　フランスの森林再生を目的として、一九四六年に創設された基金。植林と再植林をおもに振興し、一九九九年までに約二二五万ヘクタールの森林を再生した。

われた。針葉樹か広葉樹かの選択は、地域ごとの生態系によって決まる。もちろん広葉樹林には用材林だけでなく、先ほど述べたように薪炭林としての用途も見込まれる。

「粗放林業」という選択もある。育林コストを最小限に抑え、「雑地ごしらえ、不整粗植、少保育、適木収穫、少更新作業」といったぐあいに、一つひとつの施業のステップをほどほどのところで管理していく技術体系である。これは「手抜き粗放」とも呼ばれるが、じつは価格競争力の強い木材を生み出すためのポジティブな手法なのである。

人員や資金不足を理由として短絡的に粗放へ移行するのではなく、国民的な需要に応えるための森のヴィジョンをしっかりと見据えたうえで、創造的な省力化をおこなっている。「手抜き粗放」はいわば、「脱力系サスティナビリティ」による森林保全だ。

フランスが二〇世紀後半、国産材よりも輸入木材に頼ってきたのは日本とおなじだが、林業に力を入れて新たな雇用機会を増やす地域林業は伸びてきた。加工分野にも目を向けるなら、南西部のヌーヴェル＝アキテーヌと東部のグラン・テスト地域圏といった地方の雇用の四パーセントを木材加工が担っている。これに見合う人材投入がサプライチェーン全般についてもおこなわれれば、私有林、とくに広葉樹林の管理能力と、生産性の回復は十分に期待できる。

封建地代が無償廃止されたことはフランス革命の大きな成果（一三四ページ参照）だったが、その後の経過で増えた私有林は、フランス林業のウィークポイントになっていた。林業の専門技能をもたない個人が森林を保有したことで、森林は施業管理の面で多くの問題を抱え込むことになったからだ。

しかしその後、ここに挙げたように広葉樹施業のコスト高や人材不足の難点をカバーする施策や技術を生み出し、現在も継続的に営むことで、官民を挙げた森林管理体制を築きつつある。

集約化が進んでいなかった分、肥料や殺虫剤による土壌の劣化を避けることにもつながっている。結果として生態系にも配慮した林業振興を進めていけることが、フランス私有林の強みだ。

地方分権を林業プログラムの追い風に

国有林と私有林の中間にあって、効果的な連携の推進力を担っているのが公有林である。ここには地域圏、県、市町村の森を中心に、さまざまな関係者のパートナーシップで取り組まれる地域林業がある。

いまフランス本土には、一〇一の県、三万六七〇〇の市町村（コミューン）、一三の地域圏、二六〇〇の市町村広域連合体がある。地域圏（レジオン）というのは県をまとめた行政単位で、地方分権法（一九八二年）によって正式な自治体となった。コルシカを含めたフランス本土に一三、海外領土に五の地域圏が置かれている。

さらにメトロポルという地方行政単位もある。これは複数の都市の地域連携によるもので、二〇一五年からレンヌ、ルーアン、リール、ストラスブール、グルノーブル、モンペリエなどの一三単位が成立している。

こうした地方行政は多層構造なので、フランス菓子のミルフィーユにたとえられることがある。

このミルフィーユ構造は、歴代大統領のミッテランやオランドなどの政権下で地方分権が進められるたび、新たな行政単位が加えられてきた結果である。地域圏が統廃合されて数が減ったという事実はあるものの、全体としてはシンプル化よりも、明らかに複雑化する方向へと進んでいる。

当初の目的とは裏腹に、行政手続きや意思決定プロセスが実際に効率化したかどうかは、議論の分かれるところである。とはいえ、組織が多層化したことで、行政権限が中央官庁に集中することをまぬがれ、地方へと分散したことは間違いない。

森林目線からすれば、シンプルな行政機構が必ずしも効率的とは限らない。森林とのつながりをもつステイクホルダーは多岐にわたる。土地所有者や伐採企業や地域住民にとどまらず、複数の自治体がかかわっていたり、産業振興、生態系保全、災害防止、住民福祉、文化資源といったセクター横断的な取り組みを必要としたりする。もちろん予算も、主務官庁に一元化できることなどまずない。

そこで、林政学者たちによって昔からいわれてきたのは、このように森とのかかわりが多様化すればするほど、都市部の影響が地方の森林管理形態に表れやすいということだ。複雑な機構図が都市から地方へ伝播し、パワーシフトも中央から周縁へと向かう。しかし財源がともなわない。過疎化した地域では予算も人員も十分ではなく、森林の経営も管理も行き届かなくなりがちだ。

このようなことを避けるためにも、ひとつの行政単位では包括的に取り組みにくい森林事業を、階層の異なる行政単位で共有できるようなシステムはあった方がいい。

現在おこなわれている「国家森林・木材プログラム」（ＰＲＦＢ）という取り組みも、そんな地方分権化のプロセスとかかわりがある。

これは二〇一四年の「農業・食糧・林業に関する将来法」（ＬＡＡＡＦ法）で導入されたもので、フランス本土と海外県の公有林と私有林について、二〇一六年から二〇二六年までの林業政策ガイドラインを定めている。目標は四つあるが、おおまかにまとめると、気候変動を森林によって緩和しながら、生態系保全と林業の相乗効果をめざすというものだ。

ここでの森林・木材セクターは、森林に貯蔵されている炭素量と、木材や化石燃料の利用によって排出される炭素量のバランスにもとづいて、新しい林業のやり方を模索している。また二〇二六年までに、商業用木材を丸太換算で一二〇〇万立方メートル増産（二〇一五年比）することを具体的なターゲットとした。このため森林・木材セクターのすべての関係者からなる森林・木材上級評議会と環境当局が、プログラムについての議論を重ねる。いわばヨコ串を通しながら、タテの一気通貫も図っている。

このほか、すでに二〇〇〇年代からおこなわれていた国土森林憲章（一八六ページ参照）の先進モデルケースもある。

そのひとつはノール・パ・ド・カレの森林（オー＝ド＝フランス地域圏）で、一定期間ごとに更新できる林分の「森林環境プロファイル」をつくり、国有林向けには「地域開発ガイドライン」、コミュニティの森林向けには「地域造林管理計画」、公有林向けには「森林経営計画」と、それぞれレイヤーの異なる林業プログラムを包括的に進めながら、関連主体を統合して国からの助成金を受け、共同で管理にあたるという事業計画である。植生自体が複雑な森林で、行政区分も多岐にわたるとなれば、最低限このぐらいの複層的な対応は実際に必要となってくるのだ。

地方分権が森林経営にも浸透するとはどういうことか。それは地域のイニシアティブと責任で生態系を管理できるように、農業・林業・建設業・流通業・シンクタンク・行政機関などといった各セクターの横断的な連携を図り、予算面も効率的な運営ができるように再調整していくことだ。

フランス政府にしてみれば、やみくもに行政機構を拡充しているわけではなく、結果として階層が増えたのもそういった意味合いがある。森林行政は地方分権化が比較的遅れて始まったセクターだが、もともと複雑な森林生態系をカバーするうえで、結果としていままでよりも「自然を模倣する」フレームワークに近づいたともいえる。

これはもともと森林そのものが、地方行政とおなじく内部構造や外部環境との複層的なかかわりをもっているからだろう。国土の全域に大小さまざまな広がりと密度で散らばっている森林を、個々の事情に合わせて現代的に管理していくのは、ミルフィーユ構造をもった行政機構であればこそ可能なのかも知れない。あくまで森林行政に限った話だが、これは強調したいところだ。

そう考えると、地方分権は今後、自然界のしくみにどこまで適応した自己再編を遂げていけるのか。そんな新たな関心も湧いてくる。

採算性と保全の両立

林業はフランスでも日本でも、戦後長いこと採算性が重んじられてきた。しかし生態系保全や地域福祉など、かねていわれてきた森林の公益性にもそろそろ本気で向き合おうというのがオルタナティブ林業である。

国連が提唱するＳＤＧｓ（持続可能な開発目標）の推進と歩調を合わせて、いま世界の多くの国々で林業のオルタナティブ化が進められている。一九九九年から林業の構造転換を図ってきたわが国も、このような過渡の瀬にあるといっていい。

一方フランスは、こうした世界的なトレンドに対して、「いままでの自国のやり方で十分対応できる」といった姿勢もうかがわせている。

伐期ひとつにもそれが見いだせる。いま世界的に注目されている長伐期の施業管理は、もともとフランスが輪伐期の長い広葉樹林で取り組んできたお家芸だ。また樹種の多様性を取り戻そうとする動きについても、混交林と自然林業の長い伝統をもつフランスからすれば、「何をいまさら」と一歩引いたリアクションにならざるを得ない。

ＥＵによるヨーロッパ統合を受けて、林業の構造改革が欧州規模で進められた二〇〇〇年代、フランスはヨーロッパ林業の新しい動きには一見同調せず、むしろ逆行するような方向へ歩みを進めた。国産材の生産力と採算性の強化である。これにともない、広葉樹材の生産は現状維持ベースとなり、代わって針葉材の生産が伸びてきた。

ただしこれも、大きな潮流のなかのわずかな揺らぎにすぎない。針葉樹林業への転換というよりは、林業全般の活性化と森林の新陳代謝を同時に図った施策である。いうまでもなく、それまで蓄積してきた木質・木材資源を十分に活用することで、森林の持続可能性から見て最適な管理につなげるためであり、実質的にはこれもオルタナティブな選択となる。

じつはこうした姿勢も、森林保全や造林が持続可能な開発の主要テーマのひとつだった一九九〇年代には、なかなか公式に打ち出せるものではなかった。民間団体ならいざ知らず、政府が率先して「木を伐ろう」などと呼びかけることは、言葉尻だけをとらえて真意を歪められ、自然破壊のレッテルを貼られかねない。先進国と途上国が林業の国際協力で初めて合意した「森林原則声明」や「森林に関する政府間パネル」の時代には、森林伐採がそこまでセンシティブな国際議題だったのである。

いまはどうかといえば、温暖化による新たな病虫害の発生をはじめとして、森林への脅威と危機感がふたたび高まってきている。木材を生かしながら森を守ることの大切さについて、国際的な関心はきわめて高い。そもそも外敵の侵略や大開墾で森林の大部分を失った経験をもつフランスにとって、これほど古くて新しい悩みの種はないといえよう。

そこで近年、フランスが取り組んでいるオルタナティブ林業のひとつに「プロ・シルヴァ運動」がある。ここでいう「プロ」とは、人口問題でよく取り上げられる「プロライフ」（妊娠中絶反対）の「pro」とおなじく、「〜先にありき」「〜を持続させる」といった意味合いである。そして「シルヴァ」は森林をさす言葉。つまり「プロ・シルヴァ」は、森林の副産物である木材よりも、本来の目的である生態系の持続性を優先しようとする考え方だ。だから択伐を徹底し、できるかぎり樹冠の連続性を保つ森林管理（継続被覆造林）をめざす。またそれによって、生物多様性を維持し、景観を保全し、気候変動に対応しようとしている。

いまフランスには、こうしたオルタナティブ林業への構造転換をめざす森が全国各地にある。これは住民、企業、自治体、林業組合といった関係者たちのオーケストレーションによって、雇用創出や健康増進などとのパッケージで包括的に地域計画を実行していくという方針（これを「テリトリー・

ダイナミクス」という）にもとづいている。

また森林管理協議会*（ＦＳＣ）の森林認証が途上国に恩恵を与えるものではなく、いままではむしろ先進国の森林保全に役立ってきたという反省に立って、フランス独自の森林認証の取り組みもおこなわれている。やはりこれにも地域のイニシアティブが強く見られる。

たとえば「ボワ・ド・フランス」は、フランスの国産木材に貼られるラベルだ。この地域認証ラベルは、アルプス、ヴォージュ、中央山塊、ピレネーといった山脈はもちろん、シャルトルーズ（フランス南東部）やアリエ（フランス中部）といった地域の樹木にも適用されている。この品質保証ラベルによってブランド価値を高め、国産材消費の増大につなげようという試みである。

ブランディングで国産材消費を伸ばす

もともとフランスといえば、ブランディング先進国である。

これはフランス人の好む「アール・ド・ヴィーヴル」の発想から生まれたといわれる。「生活術」や「生活美学」を意味するこの言葉は、人々が快適でより良い暮らしをするためのこだわりにほかな

＊**森林管理協議会**（Forest Stewardship Council：ＦＳＣ）　森林管理の一定基準を満たした林産物に適用されるＦＳＣラベルなどを通じて、森林管理の国際的な認証をおこなう非政府組織。用紙からパッケージ類まで、扱うものは幅広い。一九九三年にカナダで創設。現在はドイツのボンに本部を置く。

らない。「アール・ド・ヴィーヴル」に長じた人は、いわば生活の達人、人生の達人である。

日本ではブランディングの思想よりも、高価なブランド品ばかりが注目されがちだが、ヨーロッパで価値を認められてきた工芸品の数々には、中世の同業者組合（ギルド）の伝統が見られる。中世の手工業者と知的職業人のあいだには、社会的な分け隔てがなく、親方は大学教授、職人は学士とおなじ待遇だった。なかでも最高位と考えられていた手工業者は、石切工と並んで指物師（家具職人）である。まさに石の文化と木の文化を象徴する職能分野だ。とくに大工や指物師は、木でさまざまなものを作り上げるところがリスペクトされた。文明開闢以来、人間の意のままに形あるものを創り上げる「宇宙の建築家」として、彼らを特異な位置に格付けする職業観が存在した。イエス・キリストが大工の子だったというのも、これと関係がある。

この「思いのままのモノづくり」というところに、現代のブランディングとの共通点もある。いまでいうブランディングは、個々人のこだわりにもとづく消費行動を先読みした企業戦略だ。つまり消費者と生産者が、互いの領域に一歩ずつ足を踏み入れる。いうまでもなく生産者のスタンスは、「消費者の快適さの追求をサポートする」ことである。対する消費者側は、「自分ならこんなモノづくりがしてみたい」という潜在欲求をかたちにしようとする。一度築かれた名声さえあれば商品が受動的に買われていくという「ブランド神話」は、世界的な景気後退にともなって崩壊した。継承された熟練技能、真に質の高い素材が生み出す気品、個人の要望に合わせてカスタマイズされた訴求効果に値がつく時代となってから、すでに久しい。

そしてこれが、木材製品ブランドの地域戦略にもあてはまる。

たとえば食品パッケージ用の製紙工場では、パルプのために輸入される木材が、輸出国の森林を破壊していないかどうかに細心の注意を払う。そうでないと、そのパッケージが使われた商品の消費者からクレームがつくからである。

また酒樽メーカーの工場では、丸太製造企業との信頼関係にもとづいて選ばれた地元のオーク材だけを酒樽原料として使う。原料調達から流通までのプロセスで、各パートナーから意見を聞き、すべての樽についてトレーサビリティの確保が優先されている。なぜそこまでするかといえば、異物の混入などを避ける必要があるのはもちろん、もっぱらワインやブランデーの愛飲者たちが強く求めるからだ。

こうしたユーザーの声や、声にならない「ウォンツ」は、流通企業のマーケティングリサーチによって吸い上げられ、メーカーにフィードバックされていく。まさに打てば響く生木の樽のように、メーカーはクイックレスポンスで商品にそれを反映させる。

フランス国内には、リモージュの陶器やリヨンの絹織物など、伝統的な地場産業と結びついた世界的ブランドが無数にある。それぞれの商品が原料や燃料の調達といったかたちで森林とかかわる部分では、どの商品にもここで述べた製紙メーカーや酒樽メーカーの事例に一脈通じるストーリーが見いだせる。

地域情報を世界に発信しやすくなった現代。サプライチェーン全体を視野に入れた木材ブランド戦略で国産材消費を伸ばすことは、森林経営に好循環を呼び込み、網の目でつながった世界市場を切り開いていく可能性は大いにある。

森と海をつなぐ夏緑樹（かりょくじゅ）——牡蠣養殖の日仏協力

広葉樹には「夏緑樹」という美しい別名もある。

これは広葉樹のうちでも、冬に葉を落とすブナなどの落葉広葉樹のことをいう。夏緑樹の樹林は、漁場を豊かにする養魚林としてもよく活用されている。たとえば牡蠣の養殖では、このブナの樹林が欠くべからざる役割を果たす。

フランス南西部のマレンヌ・オレロン。ここは国内最大級の牡蠣養殖地で、フランス最多にあたる約六万トンの牡蠣を毎年水揚げしている。また北部ブルターニュ地方の牡蠣養殖は、海に流れ込むロワール川の上流にある広大なブナ林によって支えられている。

このブナの落ち葉は、まず腐葉土となって土壌を豊かにする。次にその腐葉土が微生物によって分解されるとき、フルボ酸鉄という成分をつくる。これが川の水に溶け込み、海に流れ込み、植物プランクトンを大量にはぐくむのである。養殖牡蠣はそれを食べて大きく育つ。

ところが一九六〇年代、これらの地域の牡蠣を原因不明の病気が襲った。

そのとき養殖牡蠣を全滅の危機から救ったのが、日本の東北地方だった。三陸で養殖されている牡蠣は、世界的に見ても病気に強い種類であったため、三陸から大量の牡蠣の稚貝がマレンヌ・オレロンへ送られたのである。

それ以来、今日までフランス南西部と日本の東北のあいだには、すでに六〇年以上も牡蠣養殖をめぐる協力関係が続いている。このとき三陸から送られた牡蠣の種類は、現在もフランスの養殖牡蠣の九割のルーツになっている。

　その後、宮城県気仙沼の牡蠣養殖にフランスの技術が生かされた。ブルターニュ地方の牡蠣養殖も参考に、気仙沼湾に注ぎ込む川の上流の室根山（むろねさん）にはナラ、ブナ、ミズキ、トチノキ、キハダ、カツラなど五〇種以上の広葉樹が植林され、下流の汽水域が腐葉土で栄養豊かになった。当時の日本は戦後の「拡大造林」で針葉樹の森が山林を覆っていたが、気仙沼では上流の沿岸に広葉樹を植えることで、ホタテや牡蠣の増産に成功した。これは「森は海の恋人」プロジェクトとして、いまも続けられている。

　そして二〇一一年、今度はフランスが東北に支援の手をさしのべた。東日本大震災直後、津波によって牡蠣の筏（いかだ）やロープが流される痛手を負った三陸に、すぐさまフランスの牡蠣養殖会社が六トン分の道具を空輸し、二〇万ユーロの支援金を送った。さらに石巻や気仙沼でフランス方式の技術指導にあたるなどして、三陸の牡蠣養殖業復興を後押ししたのである。これが「牡蠣の恩返し」とも呼ばれる、フランスの返礼プロジェクトである。

　その結果、三陸の牡蠣養殖は復興しただけでなく、フランス式の資材の導入によって労働力を節減できるようになり、高齢化による継承者不足や重労働といった従来の問題も改善できるようになった。

　この協力では、日仏ともに賞賛されるべき点が多々ある。

　まず先にフランスの危機を救った東北は、その後フランスの伝統的な牡蠣養殖の方法を熱心に視察するようになり、「広葉樹漁業」とも呼ぶべき貴重な方式を導入した。また震災直後で復興さえ難しいときに、養殖方式まで一気に見直し、フランス式養殖資材の導入によって事業効率化まで達成した。

一方フランスも、伝統の牡蠣養殖技術をもちながら、遠く離れた日本の漁業にも世界でいち早く注目し、懸命にその長所を学んでいた。この成果も踏まえた恩返しのプロジェクトには、日本人として胸を熱くさせられるものがある。地域間の国際協力として、世界に誇れる望ましい関係構築といえよう。

なお、フランスが古くから森と海の見えないつながりに気づいていたのは、重商主義時代の造船業の経験に負うところが大きい。一八世紀の植物学者デュアメル・デュ・モンソー*のように、樹木や菌類を研究しながら、同時に海洋エンジニアとして船舶用の木材を取り扱っている人々がいた。森と海の両面から生態系に目を向ける人材を輩出していたことが、林業と水産業を結ぶシステムリンクへの気づきにつながったことを見落とせない。

変貌するパリ――都市改造と一七万本の新緑

ここでふたたび首都パリに目を向けてみたい。

フランスの森林や緑地で、思いのほか多いのは街路樹の面積だ。樹種はプラタナス、マロニエ、ポプラといった広葉樹が圧倒的に多い。一九世紀にオスマン*がパリの大改造をおこなったとき、街路や広場や公園には四〇万本の広葉樹が植えられた。

街路沿いや公園のオープンカフェで、テーブルに広げた本のページにマロニエの葉影が差す頃になると、すでに初夏の陽光と風があちこちの街角を満たしている。パリは一年じゅうでこの時期がいちばん美しい。

街並みが美しく映えるためには、構築物の幅と高さの比率（D／H）がある程度決まっている。幅の広い街路にやたらと丈の低い街路樹が立っていてはおかしいし、その逆も絵にならない。といっても街路樹の高さは、生活や交通の障害にならない範囲にとどめる必要があるため、一般に上限は四〜五メートルしかない。

そしてここにも広葉樹特有のメリットがある。針葉樹のように、丈高くそびえる勢いで成長すると、剪定工事にコストがかかってかなわない。もともと平均樹高が低いプラタナスやマロニエだからこそ、街路樹としてふさわしかったのだ。ついでにいえば、針葉樹林の多い北欧では人の平均身長も高いのにくらべ、広葉樹の多いフランスでは中背の人が多いのも、興味深い一致である。

フランス全体の地形や森林分布がモザイク状であるように、パリの緑地もやはりモザイク状をしている。ただし、昔はモザイク状ではなかった。パリ市を囲む城壁の外側に、グリーンベルトが続いていた。これには軍事上の用途があったといわれる。それが二〇世紀に三度の法律改正を経てすっかり

＊デュアメル・デュ・モンソー（Henri Louis Duhamel du Monceau　一七〇〇－一七八二）　フランスの植物学者、海洋エンジニア。植物学者としてサフランの病害原因の発見や、樹木の成長に関する研究で知られるほか、フランス海軍の監査将校として造船用建材の保全、造船技術などを研究した。
＊オスマン（Georges-Eugène Haussmann　一八〇九－一八九一）　フランスの政治家。ナポレオン三世とともにパリの都市改造計画を実行し、パリの近代的都市整備に貢献した。

原形を失い、パリ市内も土地利用や建築基準などを定めた九〇年代の土地計画のＰＯＳ*（土地占用計画）で近代化した分、緑の土地の多くがコンクリートに変わった。ため息が出るほど美しい庭園は無数にあるのだが、生活に密着した緑はすくないというのが、ほかの大都市と同様に二〇世紀のパリのイメージだった。

森林はどうだろうか。パリにはふたつの丘があり、それがモンマルトルとモンパルナスだが、ふたつの代表的な森もある。「パリの肺」と呼ばれるブローニュとヴァンセンヌである。

ブローニュの森は古代に「ルヴレ」と呼ばれた森の名残で、ルヴレの名には「オークが植えられた場所」という意味がある。面積は八四六ヘクタールで、東京ドームのおよそ一八〇個分にあたり、セーヌ川の水をポンプで汲み上げてつくった数多くの人工湖や池（その水はまたセーヌ川へ戻っていく）、ダービーの「凱旋門賞」で有名なロンシャン競馬場もこのなかにある。樹種はオーク、イチョウ、スギなど多種にわたるが、肌感覚としてはやはりオークが多い。

ヴァンセンヌの森はかつての国王の邸宅敷地で、面積は九九五ヘクタール。ニューヨークのセントラルパークの約三倍である。ここにもポンプで給水された人工湖がある。猟犬を散歩させている集団に出会うことが多いのは、王室の狩猟場でもあった名残だ。樹種はオーク、カエデ、シデ、カバノキ、ブナ、ライムなど広葉樹が多く、ブローニュよりも植生は多様である。また生物多様性の宝庫ともいわれ、五〇〇種を超える鳥類・爬虫類・哺乳類・昆虫がいる。それらを保全するために、二〇〇三年には森の修復をおもな内容として、ヴァンセンヌの持続可能な開発に関する憲章が署名された。ヴァンセンヌもブローニュと並んで観光客が多く、人間による踏みつけから林床を守るためにイバラを保護するといった施業の工夫も伝統的になされている。

ブローニュもヴァンセンヌも、都会の森にしては広いが、パリ周辺にはサン＝ジェルマン＝アン＝レイやヴェルサイユといった銘林もひしめいているので、ブローニュとヴァンセンヌはそれにくらべると森（forêt）ではなく、林（bois）の規模にとどまる。あらためてフランス平原林の層の厚みが実感される。

そしていま、パリの緑化は大きく前進しつつある。

きっかけはアンヌ・イダルゴ氏のパリ市長就任だ。イダルゴ氏は、女性として初めてのパリ市長でもある。二歳の頃にスペイン南部のサン・フェルナンドからリヨンへ家族とともに移住した彼女は、フランスとスペインの二つの国籍をもつ。環境対策の推進派であり、パリの環境都市化を公約に掲げて二〇一四年に初当選を果たした。所属は社会党だが、選挙運動中は党のシンボルカラーである赤の代わりに、一貫してグリーンを前面に押し出していた。

以来、市街でのディーゼル車走行禁止、総延長約一五〇〇キロメートルの自転車専用道路の建設など（いずれも「パリの息吹き」という計画に含まれる）、一連の環境政策を精力的に動かした。気候変動防止に向けたパリ条約の達成も睨んだ動きなので、パリの威信をかけた改革ということもできる。

＊ＰＯＳ（Plan d'Occupation des Sols）　おもに農村向けの土地利用計画。一九七三年制定の都市計画法典のなかに編入された。サルコジ元大統領の実施した持続可能な開発政策である「環境グルネル」にともない、二〇〇九年に改正。

そんな改革のひとつが、二〇三〇年までには市内の五〇パーセントを植樹地にするという計画だ。そのためコンコルド広場、オペラ・ガルニエ、オテル・ド・ヴィル、エッフェル塔といった一〇カ所のスポット周辺を新たな緑地にすべく、一七万本以上の木々が植えられている。

また、国連気候変動枠組条約第二一回締約国会議（COP21）やFIFAワールドカップの開催地となったパリ郊外の街サン・ドニは、オリンピック・パラリンピックのメイン会場や選手村、リバーサイドプール、アクアティックセンターといった施設の建設で、ますますエコフレンドリーな特色が打ち出された。

都市改革というものは、首長が蛮勇を振るってでも断行しなければ成し遂げられない課題といわれている。かつて「割れ窓理論*」を掲げ、ニューヨークの治安を強化したルイ・ジュリアーニ市長がそうだった。「オスマン以来のパリ大改造」といわれるイダルゴ市長の環境整備にも、それに匹敵するほどのリーダーシップが求められている。

とはいえ緑化にかぎっていえば、その達成で変貌したパリをどことなくイメージしやすいのも確かだ。それはここで見たパリのふたつの森の実例や、市内に四〇〇カ所以上を数える公園や庭園の管理実績があるからだろう。都市緑化という課題を、どこか所与の前提のようにとらえている市民も多い。

そこで以下に本編のまとめとして、フランス人のもっている環境意識について考えてみたい。

フランス人のエコ感覚

フランスはおよそ、エコロジーやサスティナビリティとは縁遠い国と見られてきた。かつて旅行客のあいだでは、道路に残されたままの犬のフンや、タバコの吸い殻までもがパリ名物だった。メトロの駅には異臭が漂い、石畳と噴水の広場は紙屑だらけ。美的センスやクリエイティビティにかけては秀逸でも、公衆衛生については「はて?」と疑問符がつく。それがフランス、とりわけ首都パリだった。

いまは公衆衛生もだいぶ改善されたが、一度ついたイメージとそれにもとづく偏見は、なかなか拭い難いものがあるようだ。

二〇二三年の春、パリ市の廃棄物回収車がストライキを起こして舗道にゴミが溢れたときも、「公共心の欠如」と見られがちだった。政府の年金改革案に対して全国的に拡がっていた反対運動の一環だったことはよそに、ゴミだらけの舗道への好奇な目ばかりが集中する。背景にあったのは、「清掃車が来ないのを言い訳にゴミを路上放置するパリ市民」という偏見だった。

しかしそんなイメージとは真逆な姿が、一人ひとりに接すると見えてくる。

フランス人は倹約家タイプが多く、堅実で謙虚なリアリストが多い。たとえば食事も、一般家庭の

＊**割れ窓理論**（Broken window theory） 軽犯罪を徹底的に取り締まることにより、凶悪犯罪も減って街の治安を高めることができるという政策理論。「窓ガラスが割られた施設をそのままにしておくと、誰も治安に注意を払っていないことの表れになり、いずれ街全体が荒廃する」という考え方。アメリカの犯罪学者ジョージ・ケリング博士が提唱し、一九九四年にニューヨーク市のジュリアーニ市長が政策で実践。

日頃の夕食ではサラダを食べる順番を後回しにすることがある。その方が消化にいいし、デザート代が浮いて一石二鳥なのだという。衣類なども、夏用、冬用の普段着が十着ずつあったら多い方だろう。女子学生は、男子も女子もジーンズばかり履いているし、学生食堂（カフェテリア）以外ではあまり外食をしない。女子学生はダイエットをかねて、リンゴをひとつ齧りながら街ゆく姿がさまになる。

公共モラルについては、個人の資質なので一般化はできないが、いまは一部の迷惑市民がいると悪目立ちするほどに、ゴミ分別をはじめとする公衆衛生へのセンシティビティはおしなべて高い。交通機関でのマナーなどは、近年日本人の方が低下したと感じることも多い。また公共心とはすこし違うが、困っている人に手をさしのべる博愛心は筋金入りで、国内の生活困窮者への募金額は世界でもトップクラスだ。

そのかわり、生活をエンジョイすることも優先する。ムダづかいは大嫌いだが、贅沢の価値は大いに認めている。数カ月に一度、世代も国籍も職業も趣味も違った友人知人を招き、好奇心のマッピングを全開にして交流する夜会（フェット）のときには、三日がかりでご馳走を用意し、すべての来客にふるまう。客たちもそれぞれ、ワインや自前の料理など思い思いの品を手にしてなだれ込む。晴れやかな場所ではスタイリッシュであることにもこだわるが、それは世間の美的尺度に合わせてではなく、あくまで自分の個性を引きたてるためだ。

おそらくフランス人のエコ感覚の根本にあるのは、知的欲求と合理主義だろう。

平地に恵まれた農業国であり、同時に自動車産業や航空宇宙産業に代表される科学技術立国でもあるフランス。そもそもこのふたつを可能にしてきたのは、森羅万象に対する探求心と、大陸合理論的なアプローチである。つまり片手に想像力、片手に体系的理論をたずさえ、自分を取り巻く世界を眺めつくそうとするところにフランスらしさがある。本編で語ってきた、個性的なオークへの共感力を重んじる心も、ここにつながってくる。

都会にあっても秘境にあっても、社会組織や自然秩序に対しても、人間にもロボティクスにも、ひとしく「我、何をか知る?」(Que sais-je?)と問いを投げかける知的情熱。これが彼らの伝統的な精神風土を培っている。自然体系や環境への向き合い方とも重なり、近代の創造力をはぐくんできた。

「森で道に迷ったときには、とにかくひとつの方向へ突き進むしかない」。みずからの思考遍歴を『方法序説』にそう綴ったデカルト。

「いまに世界を変えて見せる。たったひとつのリンゴの絵で」と、後期印象主義の時代を予告した若き日のセザンヌ。

こうした探求心は、科学者や芸術家のみならず、一人ひとりの市民感覚にもその一端がかいま見られる。

パリ市の下水道は六五〇年の歴史があり、迷路のように入り組んだその水路網と管理システムを見学する「下水道博物館」や「下水道ツアー」は、いまでも子どもから高齢者にまで人気がある。

グリーンの清掃車と制服で早朝から市内全域のゴミを収集する「レゾム・ヴェール」[*](緑の人々)。

＊レゾム・ヴェール(Les hommes verts) 緑色の作業着に身を包んだフランスの清掃員。

パリ七区や一四区では、ゴミ分別の環境学習でもおなじみの顔役だった。

一九九四年八月におこなわれた「パリ解放」五〇周年の記念祭で、警察や消防署といった公共機関がパレードをおこなったときも、黙々とゴミを集めながらそのトリをつとめ、市民のもっとも大きな歓声を浴びたのは、彼らレゾム・ヴェールと清掃車だったのである。

貧困・人口爆発・環境破壊のトリレンマにあえぐ途上国の現実を思えば、こうした感覚はあくまでソフトランディングの、浅いエコ意識といわれるかも知れない。

だがじつは、フランスには、フランスの、この日常感覚にも支えられた苛酷な環境闘争史がある。世界のどの国も歩んだことのない、収奪と破壊から再生に転じるまでの長い道のりがあった。氾濫した泥水を吸い上げて咲く睡蓮のように、それは一見おだやかな精神文化に秘められた超克の歴史である。

第Ⅱ編では、その物語を訪ねていくことにする。

Ⅱ

千年樹が見た日々

—フランス森林再生史—

密林が覆う氷河期明けの大地

　フランスの森の生い立ちをハイスピード映像のようにたどってみたい。

　恐竜イグアノドンがのし歩く中生代白亜紀のはじめには、高さ二〇メートルを超す巨大なシダ類の森があった。メタセコイアやソテツなどの裸子植物のあと、カバやスズカケやクルミといった被子植物が現れ、白亜紀の終わりまでに被子植物は大勢を占めるようになる。熱帯雨林では、大雨の水滴がしたたり落ちやすいように、広葉樹の葉のかたちがティアードロップ型に進化を遂げていった。

　植生がもっとも豊かだったのは、新生代第三紀である。いつでも二〇度を超える温暖な気温に加え、湿潤でもあったので、セコイア、マツ、トウヒ、ヌマスギといった針葉樹のほか、カバ、クルミ、カエデ、ブナ、クリ、カツラなど、色も形もさまざまな広葉樹の葉が競うように生い茂る森があった。

　しかし氷河期を経て、ヨーロッパの樹種は現在の数（広葉樹三〇種と六〇変種、針葉樹七種と一八変種）にまで減った。ようやく氷河期が終わる頃、それまで洞窟でどうにか寒さをしのいでいた人類は、森へ出ていった。そこではブナ、ナラ、モミ、カエデ、クリ、シデ、クルミ、スギ、トウヒといった樹種が、互いに優位を競っていた。

　パリ盆地を中心に人々が集住するようになった頃、大地の四分の三は密林が覆いつくしていた。森はそこに「残されていた」のではなく、氷河期明けをきっかけに、勢力を「盛り返そう」としていたのである。

こうしてフランスは、そもそもの文明のはじめから、森林との対峙的な共存を迫られていた。つまり、人が森を相手にテリトリーを脅かし合いながらも、森とともに生きる数万年間があった。またその後は、気候の変動だけでなく、産業、政治、紛争といった人為的要因によっても森の姿が大きく変わる時代に入っていく。

再生速度もここからはスローダウンして、すこしつぶさに見ていこう。

恵みの森、シェルターの森

フランス中部ロワール渓谷の洞窟で見つかった五万七〇〇〇年以上前のネアンデルタール人の遺跡には、おもに指を使った「フィンガー・フルーティング」[*]という手法による壁画が残されている。考古学者によれば、「抽象的だが明らかに意図をもって描かれた壁画」だという。のちにクロマニョン人がラスコー洞窟に描いたウマ、シカなどの狩猟動物や幾何学模様にくらべると原始的だが、目的はやはり、森での狩猟や採集に生きるための技能伝承だったのではないかと思わせるものがある。

旧石器から新石器に時代が移り、生活道具が変わっても、森は豊かな恵みを与えてくれる一方、すぐに根や枝や葉を伸ばして生活圏に侵入してくる脅威でもあった。

とりわけ木洩れ日のすくないオークの森は、ほかの樹種との混交で密林をつくっていた。それは針

＊フィンガー・フルーティング　やわらかい壁に指で擦って跡をつけたり、指に染料をつけて描いたりする画法。

葉樹の森よりも鬱蒼とした緑陰をつくりやすく、なかに立ち入ろうとする者を「引き寄せながら拒む」という独特の性格をもっていた。

まず引き寄せの要素として、広葉樹の森は採集にも、牧畜にも、耕作にも役立ってくれた。豊かな果実、ナッツ類、ハチミツなどが採れるうえ、木の枝から落ちてくるドングリでブタを飼育することができる。コケや枯れ草がこうした家畜の温かい敷物になってくれた。ハチミツに雨水が加わって自然発酵した酒にミードがあり、ヤマグミの実でつくったセルヴォワーズ酒も早くからあった。

木材加工の手わざが進歩してくると、頑丈なオークで弓矢や盾がつくられた。暖を取るための薪や松脂(まつやに)や樹脂も、家屋の柱や屋根板も森が提供してくれた。イノシシやシカといった狩猟の獲物にもこと欠かない。獲物は肉だけでなく、毛皮が衣類に、歯が草刈り用の鎌に使われた。内側が空洞になった骨に穴をあけ、フルートのような笛をこしらえた例もある。この小さな管楽器は、のちに大聖堂のパイプオルガンへと発展していった。

一方で強く拒んでくる要素として、あらゆる者を引き寄せるがゆえ、森は身を隠したい者たちの避難所にもなっていた。ヨーロッパでよくいわれる「貧者の外套」という森林のまたの名は、森が無法者、逃亡者、魔女（異端審問の対象者）、隠遁者といった社会的少数派を受け入れる駆け込み寺でもあったことに由来している。『アーサー王物語』[*]に出てくるブロセリアンドの森（いまのブルターニュ地方にあるパンポンの森と考えられている）のように、魔術師、妖精、円卓の騎士といった想像力を刺激する物語も生まれている。

こうした空間は、用もない者がうかつに近づくことを阻む。そこは想像上の動植物やモンスターが跳梁跋扈（ちょうりょうばっこ）すると信じられた異界であり、オオカミやクマの不意打ちに遭ったりする実害もある禁区だった。それでも人々は森のふところに飛び込み、衣食住に必要なものを採ってこなければ生きていけない。まだまだ農耕や牧畜だけでは暮らしが成り立たなかった。

ひとことでいうなら、すべては森への畏怖の念に結びついていた。

無数の動植物の生死や人間の運命をあずかる森――。石灰質土壌と乾燥気候で滋味や植生に乏しかった地中海世界のように、いっそ森を征服の対象ととらえてしまうと、こうした感覚は生まれにくい。石の文化からは、自然を持続的に利用していこうとする視点が抜け落ちやすかった。対する木の文化は、聖なる森を壊すことに応分のうしろめたさがともなう。それが一種の生存原理として、自然への畏れにつながっていた。人を誘い、引き寄せながらも拒んでくる森との対峙を余儀なくされていたことが、むしろフランス人の自然観を培った。これはのちに見る「制限型自然公園」（一定の人間活動を介在させながら環境保全をめざすタイプの自然公園）の発想ともかかわってくる。

栽培、交易、祭祀――すべては森のはずれ（リジエール）から

耕作は中東で始まった。そこから小アジアやギリシャ経由で、西ヨーロッパにムギの栽培が伝わっ

＊『アーサー王物語』　ケルトの古い伝説。ウェールズの武将アーサーに関する物語で、一二世紀にフランスやドイツに伝わり、聖杯伝説やトリスタン伝説と混合し、多くの韻文や散文に用いられた。

た。文字をつくるという欲求は多くの人類がもっているが、それはしばしば栽培技術とともに芽吹いてくる。新石器時代には、いまのフランスからウクライナあたりまで開墾地となり、文明が広がりを見せ始めていた。伐採された森のほとんどは夏緑樹（落葉樹）である。落葉樹林は開墾すると、落ち葉が降り積もってできた腐葉土が滋味ゆたかな耕作用地をつくってくれた。

開墾によってできたのは、オオムギ、コムギを栽培する畑地や、ヒツジ、ウシなどを飼う牧草地だった。開墾ははじめ、火打ち石を木にくくりつけて斧がわりにし、木の芯まで延々と打ち込んでいた。できた畑地は、車輪つきの犂（すき）で耕された。斧の刃はやがて、銅、青銅、鉄へと発展していく。

「自然物を衣食住に役立てること」――文化にはいろいろな定義があるが、これもそのひとつだろう。野火を放って樹木を灰にし、その上に種をまく焼き畑のような自然改変は、一次的改変と呼ばれている。これに対して木を伐り倒し、土を掘り起こして耕地をつくるのが二次的改変だ。ほとんどの森林を変質させたのは後者の開墾で、耕すことをきっかけに人類は定住し、富を蓄積するようになる。

野蛮人を意味するフランス語の「ソバージュ」は、「森の人々」が語源になっている。北東部アルデンヌ県のジェスピュンサールのように、「サール（sart）」という語尾（ラテン語の「耕された」）に開墾の歴史をとどめている地名もある。森にかかわるフランス語のなかには、明らかにこうした初期農耕文明の面影を宿している言葉がすくなくない。

「森のはずれ（lisière）」と「森の空き地（clairière）」もそれにあたる。リジエールとクレリエール。響きの似通ったこの二つは、どちらも次のように含蓄豊かな言葉だ。

まず森のはずれ（リジエール）は、森林科学では「林縁」と訳される。林縁にはさまざまな役割がある。森の出入口であるとともに、開墾の始まるところであり、また樹冠の折り重なった森に枝々の摩擦で山火事が発生したとき、延焼を食い止める働きもある。生態学的に見ると、バイオリージョン*の中間的区分である「バッファーゾーン（緩衝帯）」や、「生態的転換域*」にあたるのがこの土地である。

また民間伝承的には、森はずれこそ「異界」への通用門にもなり、日常と非日常の結界がここにある。日本でも、縁日には鎮守の森の近くに市（いち）が立つ。洋の東西を問わず、さまざまな国で森はずれに市や祭りが営まれる習慣があるのは、この結界での人と人とのまじわりに由来する。何やらいい知れぬざわめきにふれ、人々は非日常的な活力やトランス状態のうねりに巻き込まれながら集い、商い、歌い、踊り、祈った。

一方、森の空き地（クレリエール）は、枯れた木がまわりの木を道づれに倒れるなどしてできた明るい空間をさす。林床の空き地であるとともに、林冠にも「ギャップ*」と呼ばれる天窓さながらの明かり取りができるので、クレリエールは「光（クレール）」という言葉から派生している。

落雷や火災による倒木も含めて、広大な森ではいつもどこかに間隙が生じている。林冠にできた隙

＊バイオリージョン　「生物地理的に見て、属レベルよりも高い分類階層で強い結びつきをもった生態地域」を定義のひとつとする区分。エコリージョンともいう。なお、バッファーゾーンは異なるバイオリージョン間の中立的な区域をいう。

＊生態的転換域　生態系がまったく新しい状態へ移行する転換域。またこの転換のことをレジームシフトという。

＊ギャップ　森林科学では、強風による倒木や枯れ枝の落下などで林冠にできる隙間をいう。

間を通して降り注ぐ光のおかげで、実生（みしょう）や若芽が生えてくる。また倒木（シャブリ）が横たわって一定の場所を占めると、そこにさまざまな菌類が繁殖し、分解された木が地衣類やコケといったほかの植物に養分を提供する。鳥やリスなどの小動物のハビタットも形成される。こうして生物多様性を守りながら、森の再生サイクルも回しているのがクレリエールだ。モンタルジの森のポークール空き地のように、作業場や集会所などとして多目的に役立った例もある。その意味ではクレリエールという言葉も、やはり開墾と結びついていた。

こうした空間は、とても大切な地理的・生態学的役割を果たしている。だから空き地ではあっても、林地のカテゴリーに含まれる。森林は目的によってさまざまなとらえ方があるので、どんな行政機関が測量や資源調査をおこなうかによって、森の定義も森林面積も違ってくる。森のはずれや空き地は、木材資源にはカウントされなくとも、森が生きて機能するうえで、なくてはならないスペースのひとつなのである。

現在、フランス全土の森林資源インベントリー作成の役目を担っている全国森林インベントリー*（IFN）によると、森林とは「自然状態での成長時に五メートル以上に達することのできる木の樹冠によって一〇パーセント以上被覆された、面積五〇アール以上、長さ二〇メートル以上の土地」でなければならない。この定義にもとづく森林面積は、約一七〇〇万ヘクタールである。これは四国の約九倍の広さに相当する。

また、フランス農林省管轄内で農産物資源の把握をめざす調査・統計中央局*（SCEES）や農業全般調査*（RGA）では、多少それよりもすくない数字となる。

持続可能な森林管理のメリットもある森林資源のインベントリーだが、もとをたどれば木材収奪や租税を目的としたローマ帝国の「森林台帳」をその起源とする。初期農耕による開墾、またそれに続く中世の大開墾によって、ヨーロッパでもっとも森林が失われたのがフランスだった。

収奪に始まり、荒れ地を残したローマンとゲルマン

紀元前一世紀、カエサル率いるローマ軍がガリアに遠征してきた。

そこにあった豊富な森林資源こそ、ローマ軍がガリアを攻め落とした最大の理由だった。造船や木炭の増え続ける需要に応えるため、木材を安定的に供給できる広大な森林に目をつけたのである。ローマ帝国はガリアを属州にすると、さっそく森林台帳をつくり、木材資源の全体測量に乗り出して、収奪のシステムを整えた。すでに伐採業者や木材運搬人といった職分は確立されており、

＊**全国森林インベントリー**（Inventaire Forestier National：ＩＦＮ）一九五八年に創設された、フランス全国の森林資源の永久目録。森林資源の現状と可能性を正確につかむのが目的で、林地の所有者は記載せず、課税目的の利用は禁止。

＊**調査・統計中央局**（Service central d'enquêtes et d'études statistique：ＳＣＥＥＳ）農業に関する統計調査と研究を専門的に担当するフランス農業省所轄の調査機関。

＊**農業全般調査**（Recensement Général Agricole：ＲＧＡ）農場数、使用中の農業地域、牧草が生えている地域など、農業全般を対象に、一九九八年以来一〇～一二年ごとにおこなわれている調査。

丸太を積んだ舟がロワール川を下り、地中海経由でローマへ輸送される光景も見られた。

そしてこの大規模な収奪は、やがてローマ帝国の衰退とともに野放図な自然濫用へと変わっていく。過伐採で水源は枯渇し、水路は砂礫に埋もれ、荒蕪（こうぶ）地の湿地帯には感染症を媒介する蚊もはびこった。適正な規模と管理技術でおこなっているかぎり、農業には国土保全のメリットもある。だがこの頃のローマは、戦費の増大と財政混乱で労働力も不足し、大土地所有制の行き詰まりで国土を急速に荒廃させることとなる。

気候変動による寒冷化で耕作できる土地を失ったゲルマン民族が、ヨーロッパへ大移動してくる頃、ローマ属州のガリアの森林はすでに疲弊していた。

南から、北から、東から外敵の侵略を受け、森が残っていれば略奪の対象となり、伐れば当面の生活手段が失われる。伐るも地獄、守るも地獄。農耕初期のフランスにおける森林喪失は、このようにローマンやゲルマンによる侵攻、帝国末期のローマの弱体化、戦乱にともなう自然荒廃を大きな背景とするものだった。

萌芽更新で根絶やしをまぬがれる

収奪された森林が根絶やしをまぬがれた理由のひとつに、萌芽更新がある。

これは有史以来、オーク、ハンノキ、トネリコ、ニレ、ナナカマドなどについて見られた林業技術のひとつだった。

これらの木々を根元や地上二〜三メートルのところで伐ると、休眠芽が翌年発芽してくる。その新しい茎を育てることで、もとの一本の幹から萌芽枝を繰り返し育成し、収穫できる。萌芽は切り株からふんだんに出てくるので、この方法は高木を育てるよりも、低木から萌芽枝をたくさん採り続けるのに向いている。若芽のうち一本だけを大きく育て、ほかの萌芽枝はすべて手頃なところでの収穫用にするというやり方もある。萌芽枝の生産量は、木と木の距離を変えるなどの工夫をしながら、最適な方法が経験的に培われてきた。

樹種は広葉樹が多いが、針葉樹でもスギの一部には萌芽更新のできる樹種がある。よくしたもので、背の高い樹木を伐ると、林冠に隙間ができて切り株に光が届きやすくなるから、休眠芽の発芽がうながされる。また同時に、まわりの地面も先に述べたクレリエール状態になるから、種から発芽して天然更新もしやすくなる。

この萌芽更新のうち、根元で地面すれすれにカットする方法をコピシングといい、地上二〜三メートルで伐採する方法を台伐りや刈り込みという。たくさん出てきた萌芽枝のうち、一部を除去して光が届きやすくすることもある。これは疎開と呼ばれる。萌芽更新の伐採位置が二種類ある理由として、コピシングには、出てきた芽を動物たちに食べられてしまうリスクがある。台伐りのように地上二〜三メートルの高さで伐ると、動物による食害は免れるが、今度は伐るときに梯子(はしご)が必要になり、作業がそれだけ大変になる。トネリコの萌芽枝をあえてヒツジに食べさせる牧畜方法のように、低いところに芽を出させる利点や、作業が楽な点ではコピシングが好まれる。このようにコピシングにも台伐りにも、まさに一長一短がある。

どちらの方法にせよ、更新のために幹を残すことは、開墾のために木を根こそぎ引き抜いて森をまったくの更地にしてしまうことを防ぐ。萌芽更新が古くからあったおかげで、荒地にされずに踏みとどまったフランスの森林も多かった。

萌芽更新がどこで発祥し、どういった経路でヨーロッパに広まったのかはよくわかっていない。一説には、氷河期が明けて最初に森林が大地を覆った頃、ハシバミの林で中石器人が自分たちの主食とするヘーゼルナッツを採るため、すでに萌芽更新をおこなっていたという。また、コピシング萌芽のことを英語でコピス（台伐り萌芽はポラード）というが、コピスはフランス語の「伐る（couper）」に由来する。萌芽の発育が活発なのは広葉樹なので、持続可能な適正技術としての萌芽更新が生み出されたのは、ガリアの森の広葉樹林国フランスであった可能性もすくなくない。

林地を切り裂く「膨張エンジン」

さて、その後侵入してきたゲルマン人は牧畜民であったから、土地はゲルマン的経営による牧用地と、ローマ的経営による農地に分かれた。

牧畜ではウシ、ブタ、ヒツジ、ヤギが飼育され、農耕では麦類（オオムギ、コムギ、エンバク、カラス麦など）や豆類（ソラマメ、エンドウマメ）といった穀物、ブドウやリンゴといった果樹が栽培された。ゲルマンの冶金術を取り入れて農具が改良され、農耕技術も三年輪作制が生み出されるなど進歩した。これは連作による地力の衰えを防ぐため、三つの区画を春蒔き秋収穫（オオムギ、カラスムギなど）、秋蒔き夏収穫（コムギ、ライムギなど）、休耕という三つの用途の区画に分けて、順番に作物や休耕地を交代させながらおこなう農法をいう。それがのちに村全体での共同耕作をともなう三圃制に変わっていった。

八世紀後半にフランク国王シャルルマーニュ（カール）は「王国御料地令」を発布し、開墾を奨励していた。これにともなう当時のフランスの森林減少は、人口増加とほぼおなじペースで進んでいった。

食料はこれに加えて、諸侯が所有していた森林で狩猟によって得られた動物の肉がある。鳥や野ウサギやシカなどのいわゆるジビエ肉である。この狩猟の観点から見た森は、王や諸侯にとっては保護の対象となっていく。

イギリスでもそうだが、フランスでも狩猟文化の伝統が森林保全にひと役買ってきたことは事実で、これは王権の時代に入るとなおさら大きな特色になっていく。

その大きな理由として、初期の荘園（マンス）がサン＝ジェルマン＝デ＝プレ大修道院のような領主の保有地と、小自営農民から租税を取るための領地に分かれ、森林は領主の保有地にあった。さらに諸侯が狩猟をおこなうために指定した森林（*sylva forestis*）には、農民は立ち入ることができなくなっていった。こうした狩猟のための森と、薪や果樹やキノコなどの日常消費材を調達するための森（*sylva communis*）は、厳密に区別されるようになった。

租税にちなんだ話として、中世は貨幣よりも労働や物で税を納めた時代というイメージがあるが、カロリング朝時代のサン・ドニ修道院では、すでに貨幣をつくる大きな造幣所をもっていた。コインの鋳造には溶鉱炉が要る。その燃料を供給したのは近隣の森だった。このほか、森の近くには製粉所やビール工場もすでにあり、農業は食品工業の発展もうながしていた。

森林とのかかわりで中世をよく物語る活動といえば、やはり修道院活動による大開墾が知られている。これは修道士たちの務めに一定の肉体労働が含まれていたためで、ドミニコ修道会、シトー派修道会、カルトジオ会などが、森を切り拓いて労働と信仰に明け暮れる日々を過ごした。折からの農業技術の進歩もあって、一三世紀までにフランスの森林面積は一〇〇〇万ヘクタール前後まで下がっていた。当時の農業発展を中世産業革命と呼んだり、大開墾による森林破壊を中世の公害と呼んだりする歴史家もいる。

大開墾とは何だったか――。森林史観からすれば、それは山岳地帯を除く広大な森林パノラマが引き裂かれる黒歴史だった。と同時に、多くの入植者を定住させ、人口を増大させていく「膨張エンジン」でもあった。

開墾への向き合い方はさまざまである。国王や諸侯が御料地の開墾を奨励し、カトリック教会というヒエラルキーのトップであるローマ教皇も、荘園の拡大と「十分の一税*」の確保に熱心だった。だが中部や北東部のフランスに目を移せば、遠く西方に君臨して収税の上がりをはねる教皇と、土地利用や水源確保の縛りを解いてわが手にしたい王室とのあいだで、次第に決裂が生じ始めていた。

中世の森はこうして、教皇、王、聖職者、俗人諸侯、地方共同体、平民といった諸派の思惑の渦中で、一三世紀末までいわゆる「乱開発」の対象であり続けた。

大地と資源のナショナリズム

その後、十字軍の失敗で教皇権が失墜し、王権が伸長してきたフランスには、「国土管理(ジェスシオン)」という考え方が徐々にかたちを取り始める。ちょうど大開墾がピークに達し、洪水や土壌流出を引き起こす森林破壊への反省がつぶやかれ始める頃、この王権伸長と本格的な領土支配という二つの潮流が重なり合う時点で戴冠し、権勢を振るうこととなるカペー朝の王たちがいた。たいそうな好男子として知られ、「端麗王」の異名を博したフィリップ四世もその一人である(図16)。

図16 「端麗王」フィリップ4世の肖像

この王は、教皇ボニファティウス八世を「アナーニ事件」で権威失墜させ、最後はアヴィニョンで憤死にまで追い込んだことで知られる。いわば教皇権から王権への勢力交代劇を演じた主役である。だが森の生い立ちから見ると、彼はただそれだけの為政者ではない。

＊十分の一税　荘園で働く農民(農奴)が教会に納めた税。収穫の十分の一を目安とした。

フィリップが王権強化のために固めていった官僚制のしくみのなかには、森や水資源の管理に携わる官職があった。一二九一年、勅令を発し、彼はそれまで諸侯に委ねられていた水と森林の管理を、すべての官職の最高長官である大法官に直属する国務とした。ここにその後のフランスの伝統となる「水・森林管理官」(Maîtrise des eaux et forêts)という役職が生まれた。

さらにフィリップは、それまでボニファティウスと対立してきたなかで、修道院領にも税を課していた。これは教皇権による森林の支配に対しても、王権がはっきりと「ノン」をつきつけたことを意味する。

「あの男は主の門をくぐることなく、羊の群れにまで踏み入ってくる。羊飼いでもなければ、傭兵でもない。ボニファティウスこそは、盗賊にして略奪者!」

国王を取り巻くブレーンであった法曹のひとりがこう叫び、ローマ南東のアナーニで教皇ボニファティウスを襲撃したとき、フィリップは信仰そのものにも盾つくことになっただろうか。むしろまったく逆である。彼はローマ教会を尊重し、伏して崇めてもいた。だからこそフランスをヨーロッパ随一のカトリック国とすべく、国益を最重視していたのだ。

荘園はそもそも森である。樹林と水という、ローマによる侵略以来失われていたこの地の主権的な自然の恵みを取り戻し、王室による統治のもとに中央統制でまとめ上げようとしたことが、この寡黙な王の第一の業績だった。さらに彼は、三部会を招集して国内をまとめ、ローマの教皇権力と互角にあいまみえた王としてもフランス史に名をとどめている。

そののち即位したフィリップ六世は、一三四六年五月二九日の勅令(ブリュノワ勅令)で「王室治水森林局」を創設した。パリ南方で現在のエソンヌ県にある、セナールの森でのことである。「森林法典」（当時は「王室森林法典」）の歴史がここに始まる。この勅令で、今後はもう誰にも新たな森林利用の権利が与えられないことになった。歯止めのきかなくなっていた大開墾に、これでようやく抑止力のきっかけが生まれた。

黒死病（ペスト）の流行、百年戦争、農民反乱などによって世の中が乱れ、人口が減っていく時代だった。「歴史の皮肉」といった、通りいっぺんの文句では片づけられないが、混乱の時代には農業の進展も翳（かげ）りを見せ、森林面積は一路回復に転じることがある。あるいは逆に、一層の荒れ地に変わり果てる危険もある。森を拓くことと守ることをともに課せられた指導者たちの葛藤は、平原の林地を領する国としての宿命だった。

ともあれローマのガリア征服以来、絶えず西方からの同調圧力だった教皇権の時代は終わった。十字軍の失敗がきっかけとなって王権が伸長し、国という行政単位が機能を整え始めたからである。しかしここには、繰り返される歴史のループともいうべき「反動形成」のプロセスも見ることができる。

たとえばのちにフランス革命を経て、クーデターで政権を握った軍部出身のナポレオン・ボナパルト。オーストリアやイギリスといったまわりの絶対主義諸国の君主たちは、この動きを強く警戒した。市民革命に端を発した「自由のための闘争」が海外にも飛び火し、自分たちの領土にも波及することを恐れたためだった。「対仏大同盟」のもとに結束した王たちは、革命フランスを潰すことに血道をあげる。「ナポレオン戦争」とひとくくりに呼ばれることになった一八～一九世紀のこの一連の攻防は、周辺国の保守反動をフランスが煽ってしまった結果だった。

だが中世世界の場合、その反動形成は初期の「資源ナショナリズム」というかたちで呼びさまされ、それまでの教会所領内に王権を中心とする国づくりの動きが次第に本格化していった。

そしてこうした王権の伸長を見ながら、カペー朝は幕を閉じた。続くヴァロワ朝では、さらに国王による支配力が強められる。同時に、造船や織物などの工業が急速に発達した。ブルボン朝では、日輪のごとく燃え盛る絶対主義、またその焔に大量の木炭をくべる重商主義の時代へと、開発の大鉈が振り下ろされた。ここに「工業燃料としての木材」という新たな需要が爆発的に高まることとなり、森林は新たな危機を迎える。

シカ追う者も森を守る——皆伐・乱伐・盗伐との闘い

木材資源が底をつく。守りながら森を利用する手立てはないものか——。

こうした懸案が民衆の声になり始めるのは、農業集落よりもリール、ルーアン、リヨン、トゥールーズ、マルセイユといった工業都市からだった。

これらの都市のうち、港町でない都市には河川や運河を流送して丸太が入り、港町では周辺のヨーロッパ諸国やマグレブ*からの木材が届いていた。のちに高級木材を使った家具や調度品の原料ニーズが増すと、遠くアジアからマホガニー材や、南米から熱帯材を積んで寄港する船も見られるようになった。

それでも木材需要に供給が追いつかない。

合法的に生産された木材や輸入木材では足りず、盗伐や若木の乱伐によってなかなか更新できず、あらかた朽ちていく森も増えていた。いまや王権によって全国的に規制を厳しくするほかに、森林荒廃を食い止めるすべはなくなっていた。

そこでヴァロワ朝の国王フランソワ一世は、一五一七年の勅令で乱伐や盗伐への罰金額を大幅に引き上げた。このときに役立ったのが高等法院（パリやルーアンに最高府のあった王立裁判所）で、のちに僧院や地方共同体が高林の木材を売るには、高等法院の許可が必要になっていった。

高等法院は王室林だけでなく、私有林の領主の訴えにも対応したので、それまで皆伐・乱伐・盗伐にあえいでいた多くの森林（シャンパーニュのジョワニの森、ノルマンディーのリヨンの森など）は裸地になるのをまぬがれ、現在まで生き延びることになった。

続くアンリ二世も、フランソワの路線を受け継ぎ、森林保全に力を入れた。

この王は狩猟や騎馬戦など、フィールドでの遊興が大好きだった。騎馬に乗って野試合で目を突かれ、非業の最期を遂げたエピソードがよく知られている。二〇歳年上の寵妃ディアーヌ・ド・ポワティエの影響で、狩猟にもよく出かけた。

フランスやイギリスの王室では、大型哺乳類も含めた狩猟の獲物を絶やさぬようにと森林を守って

＊マグレブ　北アフリカでエジプトより西の、モロッコ、アルジェリア、チュニジアを含む地域。アラビア語で「日没の地」。

きた歴史が長い。アンリ二世もご多分にもれず、というより歴代の王のなかでもとくに、狩猟目当てで森を守った印象が強い。しかし森にとっては、王の本音がどこにあろうと知ったことではない。さしあたり工業化のしわ寄せを食い止めてくれる決断であれば、当事者が王族であれ盗賊であれ御の字だった。

ちなみにこの王は、王妃カトリーヌ・ド・メディシスを正妻としていた。カトリーヌとは冷めた夫婦関係、寵妃ディアーヌとは長い愛人関係にあった。そして二人の妃とも、それぞれ薬物との因縁が深い女性だった。

「メディシス」という家称が示すとおり、薬剤家系の出自であるカトリーヌにとってその薬物とは、「一服盛る王妃」という噂を呼び込むことになる毒薬だった。彼女の処方する薬がもとで、アンリ二世の近親者は幾人もこの世を去っている。

かたやディアーヌの場合、いまなら「美魔女」ともてはやされるほど若々しい美貌を晩年まで保っていた。こちらは何やら「不老長寿の霊薬」のおかげらしいが、実際は金や水銀の入ったエリクシルという中毒性の薬だったという。ディアーヌはこれを誰から手に入れたのだろう。森のはずれの市場を渡り歩く、ミステリアスな行商人からだろうか。一説によれば、ディアーヌの遺体の髪から抽出された金の成分は、一般成人の約五〇〇倍にのぼった。金の中毒死であったことは容易にうかがい知れる。

正妃カトリーヌは、愛妃ディアーヌの霊薬が中毒性であることを知っていて、ディアーヌが衰弱死していくのを刻一刻見届けようとしていた――そんな臆説もある。いずれにせよ、彼女たちが毒薬やら霊薬ではなく、天然の薬局である森林にその情念の一端でも傾けていたら、フランスは森林政策をさらに一歩前進させることができただろう。

ところが、そんなカトリーヌにも林業がらみの実績はあった。彼女はウルク川の一部を運河化したり、はしけでパリに林産物を輸送しやすくするなどして、木材関連の物流向上に貢献している。以来レッツの森の丸太は、パリへ大量に供給されるようになった。

いずれにせよ、時代が求めていたものは錬金術や占星術ではなく、鉱石から金属をつくる冶金術だった。

石炭や石油などの化石燃料がまだ手に入らなかったこの頃、金属の精製や加工をおこなうためには、膨大な薪や炭を燃やす必要があった。フランソワ一世とアンリ二世の政策でかろうじて現状を維持した森林だったが、その後ブルボン朝のアンリ四世、ルイ一三世の治世下になると、またしても森は坂道を転げるような資源濫費の犠牲になっていく。

斧で樹木を伐り倒すことが文明の新たな発展段階をもたらす時代は、大開墾でとうに終わりを告げていた。また、この時期に続いた宗教戦争は、かつての百年戦争とは違い、資源濫費の歯止めにはならなかった。むしろ軍事費がかさみ、それをまかなうために税額が大幅に吊り上げられて、最後は決まって生態系サービスにしわ寄せがくる。林産物の収益も三分の一ぐらいまで低下していた。

しかし王権そのものの方は、宰相リシュリューやマザランの功績もあり、過去に例を見ないほどの黄金期を迎えていた。

そして一七世紀半ばを過ぎ、ルイ一四世の即位、さらには親政によって王権が絶頂期を迎えた頃、よく知られた人物がまたひとり、フランス森林史の意外な立役者として登場してくる。

大番頭コルベールの「森林大勅令」

なぜその男が森にこだわりをもったのか。のちに抱くことになる林政マインドのきっかけとなるような思い出が、たとえば幼少期にあったのか。そういうことは何もわかっていない。

なにしろ彼の生い立ちは、後世にほとんど伝わっていないのだから。

ただし、故郷ランスにそびえる大聖堂さながら、大地に腰を据え、人脈と情報網を張りめぐらして慎重に生きる姿勢については、のちに誰もが認めるところとなった。

ジャン・バティスト・コルベール（一六一九－一六八三）。戦争による国費増大、金融業者と政府の癒着、官職売買などで傾いていた一七世紀後半のフランスで、国家財政基盤の立て直しに成功し、太陽王ルイ一四世の揺るぎない権勢を筋金入りの商魂で支えた大番頭（おおばんとう）役である。この財務長官コルベールの一連の政策は「重商主義」という、いまではいささか古風なおもむきのある言葉でくることができる。

コルベールはスコットランド系の羅紗（ラシャ）商人の家に生まれた。彼とおなじ一六一九年生まれの人物としては、エドモン・ロスタンの戯曲で感動的に描かれた（じつは盛りすぎだった）実在の人物、大鼻のシラノ・ド・ベルジュラックがいる。

宰相マザランの代理官としてフランス中部ニエーヴル県で森林管理の職に就いた頃から、コルベールは森林こそが国家の命運を分かつカギになると見ていた。フランスがスペイン、オランダ、イギリスなどとの建艦競争を勝ち抜くためにも、船舶の建材を安定的に供給できる持続可能な森林経営が急がれたのである。これは海洋国家のイギリスが、すでに建艦材は海外植民地から調達すべきものと考えていたのとは違い、ヨーロッパのメインランドに位置するフランスの基盤はまず国内の森林にあったことをうかがわせる。

前任者フーケのあとを襲って財務長官になると、コルベールは重商主義的な改革を次々と敢行した。なかでもごく初期から優先的に打ち出していた改革があり、それが「一六六九年森林関連勅令」（通称「森林大勅令」）だった（図17）。

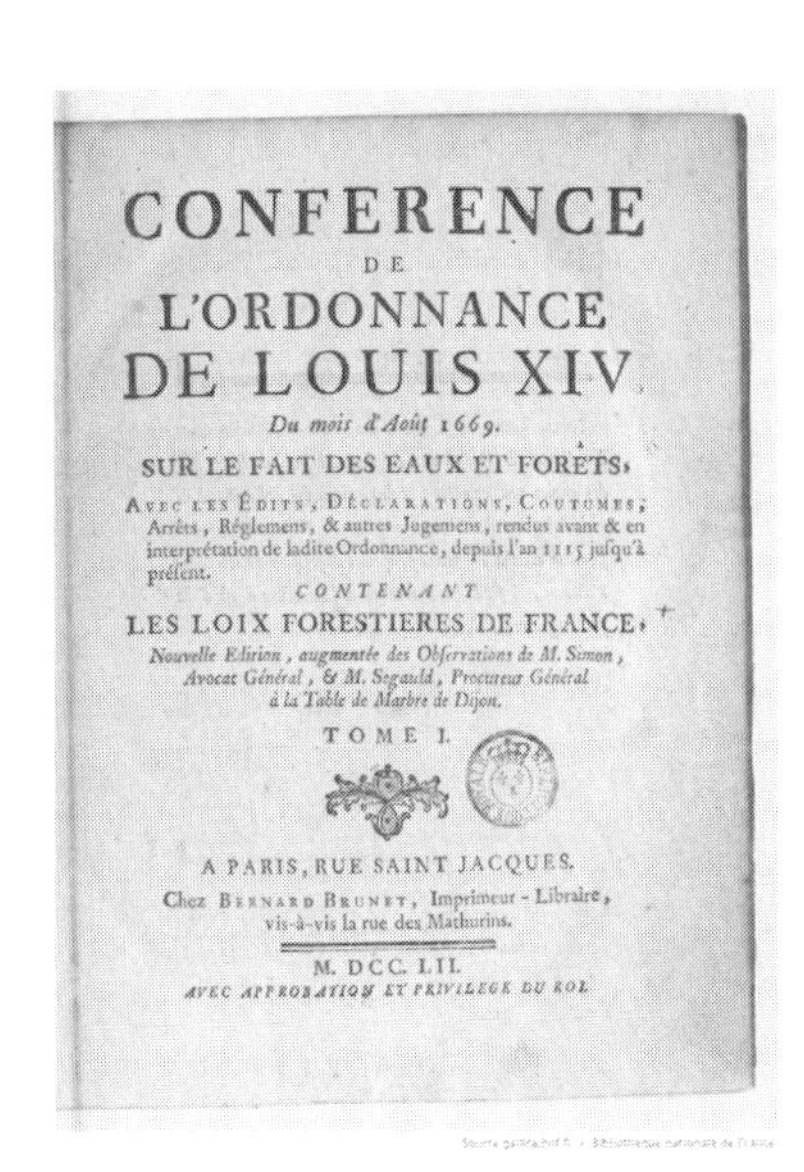

CONFERENCE
DE
L'ORDONNANCE
DE LOUIS XIV.
Du mois d'Août 1669.
SUR LE FAIT DES EAUX ET FORÊTS,
AVEC LES ÉDITS, DÉCLARATIONS, COUTUMES, Arrêts, Réglemens, & autres Jugemens, rendus avant & en interprétation de ladite Ordonnance, depuis l'an 1115 jusqu'à présent.
CONTENANT
LES LOIX FORESTIERES DE FRANCE.
Nouvelle Edition, augmentée des Observations de M. Simon, Avocat Général, & M. Segauld, Procureur Général à la Table de Marbre de Dijon.
TOME I.
A PARIS, RUE SAINT JACQUES.
Chez BERNARD BRUNET, Imprimeur-Libraire, vis-à-vis la rue des Mathurins.
M. DCC. LII.
AVEC APPROBATION ET PRIVILEGE DU ROI.

図17　コルベールが編纂した「森林大勅令」
「水と森林の事業に関するルイ14世の1669年8月勅令」とある。

「森林大勅令」は三二編で構成されていた。旧来の森林法制（一三一八年に発布され、一五一六年にフランソワ一世が改訂した大勅令）を踏襲しつつ再編し、確立したものだった。王室・聖職者・俗人諸侯といったあらゆる階層の所有する森林に、定期的な伐採を含む施業を義務づけた。その一つひとつはオーソドックスな内容だったが、適用範囲は林地・水源・木材水運・狩猟・漁労など森林のすべてに及んでおり、国家の森林経営を根底から整備し直すものとなった。

王室林にかかわるすべての利益は、この改革によって国庫歳入にひもづけされた。森林管理と樹木の伐採・売買に関する刑事裁判や民事裁判についても、厳正に定められた。変わったところでは、ヨーロッパアカマツから黒いタール分を採って、戦略物資にまわすのもコルベールが考えたことだった。

また王室林だけでなく、私有林や共同体林の経営管理にも細かな規定を設け、「高林の伐採には一アルパン*につき一〇本の成木を残す」といった規則によって、持続可能な林業の取り組みも強化した。林務官が私有林に対して行使できる権限も広がった。

ここでいう林務官とは、すでにあの端麗王フィリップ四世の勅令で「水・森林管理官」と呼びならわされていたフランスの森林官たちのことだった。のちにこの制度は、隣国の神聖ローマ帝国でも模倣され、皇帝フェルディナント一世統治下で帝室づき最高林務総監の創設につながった。まさにフランスの森林行政が、オーストリアやドイツよりもはるかに先んじ、ヨーロッパ全体に影響を与えていた。

なお、この時代は森林の更新については天然更新を採用していた。人工更新を使った大規模な造林は、次の世紀に始まる話である。

コルベールが登場した一七世紀は、気候変動による大寒波がヨーロッパで猛威を振るった時代、いわゆる「マウンダー極小期*」のさなかだった。異常な低温に枯死していく森林も多かった。加えて黒死病の流行により、ヨーロッパの人口が激減したのもこの世紀である。じつはこれも森林と密接なかかわりがある。森が減ってフクロウやオオカミが生息地を失い、天敵のいなくなったネズミが大量発生して、人里にペスト菌をまき散らしたのだ。経済成長に限界があることを警告したのは二〇世紀のローマクラブだが、地球規模で文明が崩壊することへの危機感は、すでにこの頃から芽生えていた。

コルベールは絶えず執務室にこもり、全国の森林の状況を把握し、部下たちにはかいがいしく指示書を書き送る。ところが本当に信頼していたのは数名の腹心だけというぐあいに、人間不信の冷徹な官僚の顔ももち合わせていた。ただし太陽王への忠誠と国づくりへの熱い思いにかけては、まったく人後に落ちなかった。

派手好きな性格が国王ルイ一四世の反感を買って失脚した前任者のフーケとは対照的に、コルベールは質実そのものである。ルイは幼少期に命の危機まで味わわされた「フロンドの乱」のトラウマから、パリを徹底的に嫌い、ヴェルサイユ宮殿での豪奢な暮らしを好んでいた。多くの人命と予算を強硬につぎ込んで造営した、森のなかの王宮である。じつはコルベールはこれについても、折を見てひ

＊アルパン　メートル法導入以前のフランスで用いられていた長さと面積の単位。長さとしての一アルパンは、二二〇フランスフィート（一フランスフィートは約三二センチ）。面積としての一アルパンは、四万八四〇〇平方フランスフィート。本文は、約四四九六平方メートルごとに一〇本の成木を残す計算となる。

＊マウンダー極小期　太陽活動の活発さの目安となる太陽黒点の観測数が大幅に減少し、ヨーロッパや北米大陸などで極寒が記録された一六四五〜一七一五年の七〇年間のこと。

とこと釘を刺したいと思っていたほどだ。

この堅実で精力的な実務家の改革により、王室林の売り上げは改革前の一六万八〇〇〇リーブル*から改革後の一〇二万八〇〇〇リーブルへと、桁違いに増加することとなる。造船用木材の確保という目標は達成され、同時にコルベールのもうひとつの狙いである国内産業の育成に先鞭がつけられた。すなわち森林資源を農業と工業のいずれにも役立つようにする産業基盤が、この改革によって整ったのである。

正式な複層林のフォルムができあがったのもこの頃だった。ヨーロッパにはすでに「維持収量」(sustained yield)という考え方があった。これは資源が枯渇しない範囲で収量を維持するというもので、各国の森林施策もこれを共通の枠組みとして策定されるようになってきていた。そこでフランスがおこなったのが、王室海軍の建艦用木材ニーズと、国民の建材ニーズ・燃材ニーズを両立させることだった。前者が軟材(針葉樹材)、後者が硬材(広葉樹材)で、これを組み合わせたのが第I編に説明した高林・中林・低林の構成による多様なシステムとしての複層林だった。

コルベールの森林大勅令は、旧体制(アンシャン・レジーム)のフランスに生まれたものだが、のちに革命政府が発足してあらゆる因襲を叩き潰したときでさえ、この勅令の大部分は踏襲された。すでにフランス林政の根幹を担う、揺るぎない「森林レジーム」*になっていたからである。

壮麗な王朝史の陰に隠れた業績ではあるが、コルベールの林政改革こそ、森林国フランスの面目躍如たる歩みだったといえる。ルイ一四世の栄華よりも、いまだにそのことを誇りに思うフランスの森林関係者は多い。

はじめコルベールの財政改革に直接の恩恵をこうむったのは、平民ではなく諸侯だけだった。もっとも彼らの「市民満足度」ならぬ「貴族満足度」なしには、いくら太陽王のお墨つきといえども改革が叶うものではなかった。先ほどふれた同時代人のシラノ・ド・ベルジュラックは、みずから着想した奇想天外な小説『日月両世界旅行記』に、いささかの風刺もこめてこんな文言を書き残している。

「(太陽が人間を照らしてくれるのは)ほんの偶然の結果なのであって、それは国王の松明(たいまつ)が、たまたま道を通りかかった人民の足元を照らし出したのと同じことなのですよ」*

モンバールの森で——ビュフォン博物学の原風景

中部フランスのブルゴーニュ地方には、のちに大著『博物誌』で世界に名を馳せることとなる二〇

***リーブル**　フランスで一七九五年まで使われていた通貨の単位。フランス革命期の一七九五年に通貨はフランとサンチーム(一〇〇分の一フラン)に改められ、八一リーブルが八〇フランとされた。

***森林レジーム**　生産者、流通機構、消費者、政府、自治体など、さまざまなアクターによって形成される森林管理レジームの略称。「レジーム」とはフランス語で「体制」を意味するので、本書では「旧体制(アンシャン・レジーム)」を打破したフランス共和制の歴史にもなぞらえて、「新しい森林レジーム」という表現も用いている。これは一九〇ページに記したように、個々の土地の潜在自然植生や風土に立ち返り、できるかぎり本来の生態系に近い自然の森を取り戻そうとする体制や文明を意味する。

***「ほんの偶然の……」**　シラノ・ド・ベルジュラック著『日月両世界旅行記』(赤木昭三訳、岩波書店)より。

代のジョルジュ・ルイ・ルクレール・ビュフォン（一七〇七－一七八八）がいた。
彼が「ビュフォンの針[*]」の数学者としてまず注目されたことや、のちに科学アカデミー会員、王立植物園（現パリ植物園）園長として生物学界に貢献したことなどは、つとに知られている。もちろん計四四巻に及ぶ『一般と個別の博物誌』（通称『博物誌』）で進化論に先鞭をつけ、「文は人なり」という有名な言葉を残してサイエンスライターの走りになったことも。

しかしそのきらびやかな名声の一方で、地道な官僚コルベール、世紀病を初めて描いたロマン派作家シャトーブリアンのように、科学者ビュフォンもまた、余人のうかがい知れぬアングルから樹木や林地を知り尽くした「森の人」だった。

きっかけはある研究だった。それはビュフォンが数学から博物学[*]（自然史学）に転向する契機になった仕事である。モールパという海軍大臣が、科学アカデミーに対して「建築用材の強度を改良する方法」という研究テーマを要請していた。ビュフォンはアカデミー入会の野心も手伝って、というよりその一心で、この研究活動に参加することを決めた。地元モンバール[*]で自分の所有していた森を使い、オークの観察にもとづく実験を始めたのである。

まず彼は、オークの高木の樹皮を立木のまま剝ぎ始めた。枝のつき始めるところから根元まで木の皮を剝ぎ、むき出しの白木になった幹をそのまま乾燥させる。こうすると樹液が幹の上まであがっていくことができず、木はおよそ二年以内で枯れてしまう。外から徐々に乾燥し、最後は心材までが水分を失って死んでいく。このように樹皮を剝いで乾燥を速めると、木材の強度が増すのではないか――そういう希望的観測にもとづく実験だった。

これはビュフォンよりも七歳年上で科学アカデミー会員だったデュアメル・デュ・モンソーが、すでに仮説を打ち立てて取り組んでいた研究で、ビュフォンはモンソーと共同で論文を書くこともあれば、単独で執筆することもあった。このときビュフォンは、功を焦るあまり先輩のモンソーを出し抜いたと悪評を立てられることもあった。その噂の真偽についてはともかく、名声に対するビュフォンの強烈な欲求は、当時から自他ともに認めるところだった。

またこの実験自体、森林保全の観点からしてどうなのかと思わせるところもあった。表面が腐ってくる立木をそのままにしておくのは、林床や森の大気へ病原菌をまき散らすことにならないか。樹林の衛生上も、自然景観上も好ましくないように思われた。そもそも立木の樹皮を剝ぐことは、コル

＊**ビュフォンの針**　「床にたくさんの平行線を引き、そこに針を落とすとしたなら、針がいずれかの線と交差する確率はいくらか」という数学上の問題。ビュフォンが提起したもので、積分と幾何学を使って解くことができる。

＊**博物学（自然史学）**　'natural history' を直訳したのが「自然史」、意訳が「博物学」と考えていい。その定義は「動物・植物・鉱物・地質など、天然物全体にわたり種類・性質・分布や生態を研究し、記載する学問」（大辞泉）。そもそも 'natural history' の「history＝史」とは、歴史のことではなく、「ある物事について書かれたあらゆる記述」という意味である。「博覧強記」にも通じる「博物学」という訳語は、'natural history' のエッセンスをよく伝えているといえる。

＊**モンバール**　フランス東部、ブルゴーニュ＝フランシュ＝コンテ地域圏コート＝ドール県西部にあるコミューン（市町村）。現在の人口は約六〇〇〇人。

ベールの森林大勅令で禁止されていた行為でもあった。

だが考えてみれば、伝統的にコルクガシの立木からコルク樹皮が採られてきたのもこの要領だ。地中海地域、とくにポルトガルでは、コルクガシから樹液の出る七～八月を経て樹皮を剝ぎ取る。樹皮を剝がれたコルクガシは、ふつうの三～四倍の二酸化炭素を吸収し、成長も早まる。ふたたび固まってできるコルク樹皮を、九年後にはまた収穫できる。このように樹皮の固まる性質が、コルクガシとおなじオークなら共通にあると考えることもできただろう。

いずれにせよ、成果が未知数だったこの実験になぜ国費が下りたのかといえば、アカデミーに研究を依頼した海軍大臣モールパの特別なはからいによるものだった。端的にいえば、「科学の進歩のため」という大義による例外措置だった。しかしここでもまた、本音は船舶建設用の木材需要にあった。すこしでも耐久性のある輸送用船舶をつくるため、強度の高い木材が必要とされていたのだ。

結局、この「立木のまま樹皮を剝ぐ」という方法が林業で採用されることはなかった。理由はつまるところ、森林の衰弱を招くというものだった。

しかしビュフォンにとって、この研究にはもっと大きな意義があった。森林をくまなく踏査するきっかけになったからである。ビュフォンの膨大で実践的な自然科学の知は、多くの育苗家、伐採業者、狩猟家などに付き添って森を歩く習慣から得られたものでもあった。

「完璧で体系的な一般理論を打ち立てようという植物学者の意図は、あまり確実なものではない」[*]

「博物学全体、あるいは博物学のいくつかの部分について立案者たちが示した方法を、学問の基礎とみなしてはならない。それらの方法は、意思の疎通をはかるために取り決めた記号としてのみ用いら

図 18　ビュフォン博物学の原点になったモンバールの森
現在、ビュフォン博物館とビュフォン公園が運営されている。

れるべきである」
「植物学はアリストテレスの時代にはあまり高く評価されていなかった。ギリシャ人も、ローマ人さえも、植物学をそれ自体で存在し、別個の研究対象となるべき一つの学問とはみなしてはいなかった。彼らは、農業、園芸、医学、工芸と関連してのみ植物学を考察したにすぎない。（中略）つまり彼らは、人間が得ることのできる有用性によってのみ植物を考察したのであって、植物を正確に記述することに専念したわけではなかった」

＊「完璧で体系的な……」　以下三つの引用文はいずれも、『ビュフォンの博物誌――全自然図譜と進化論の萌芽　一般と個別の博物誌ソンニーニ版より』（荒俣宏監修、ベカエール直美訳、工作舎）より。

のちに『博物誌』に見られるこうした記録も、実際に森での考察と理論検証を十分に経たことをうかがわせ、自信たっぷりの物言いに満ちている。ビュフォンはそこに生息する動植物と森の関係についての克明な観察をもとに、以後博物学の研鑽を本格化させていった。

大博物学者ビュフォンを生んだのは、まさにこのモンバールの森だった（図18）。

時代を画す林学書が流行

さらに、いまでいうフォレスター＊としてのビュフォンの一面も、この頃に発揮されている。それはある公爵から委嘱されて苗畑（ナーサリー）を運営するようになったり、農民に無償で苗木を提供したり、出生地モンバールの森林再生を熱心に説いたりというぐあいだった。

こうした「自然の学校」ともいうべき森でのフィールドワークにあたって、ビュフォンが知の基盤に据えていたのは、海峡の向こうのイギリスで著された二冊の本だった。

一冊はスティーブン・ヘイルズの『*Vegetable Statistics*（植物静態学）』。これはビュフォン自身がフランス語に翻訳出版している。のちにシャルル・フラオーらの植物学者たちにも影響を与え、ヨーロッパ生態学の主流になる「静態的エコロジー」の先駆となった書物だ。ちなみにこれに対するもうひとつの潮流には、のちにアメリカ生態学のひとつの特徴となった、イギリスの植物学者タンズリーらによる「動態的エコロジー」がある。

もう一冊は当時のヨーロッパの森林研究者なら誰でも知ることになるジョン・イーヴリンの

『*Sylva*（森林）』で、これは先人たちが数世紀にわたって蓄積してきた森林や樹木の知識を集大成したものだった。育苗や森林管理に関し、各種の樹木について環境条件の変化にも踏み込んで書かれた、世界初のプラクティカルな育林手引書といっていい。

文学者でもあったイーヴリンは、一本一本の木に敬意を払うようにていねいに解説を進め、ところどころで詩を引用したりもする。いまでも復刻版で入手できるこの本は、オーク、カエデ、ブナ、ハシバミ、ライムなど二〇種以上の樹木を扱っている。活版印刷による活字主体の時代の書なので、図版がないのは残念だが、当時は一時代を画すハイエンドな林学書として、一日の労働のあとに燈火のもとで読みふける林業関係者が国境を越えて次第に増えていった。

この英書はまた、森を「フォレスト」と呼ばずにラテン語の「シルヴァ」で呼んだそのタイトルによって、農業（agriculture）から独立した林業あるいは林学（sylviculture）の概念をヨーロッパに浸透させるきっかけにもなった。ドイツではこの林学書の訓え（おしえ）が、トウヒやモミなどの針葉樹で実践されたのに対し、フランスやイギリスで実践されたのは広葉樹、とりわけオーク林の管理だった。またその目的が造船にあったことも、フランスと英国とで共通している。ここにも重商主義時代の建艦競争が反映されていた。

以上の二冊を手引きとしながらも、ビュフォンの樹木研究は特段、どちらか一方に与（くみ）するというこ

＊フォレスター　七一ページでは「林業家や林務官」と定義したが、ここではビュフォンが地元の森林管理についてのアドバイザー的存在だったことを比喩的に述べた。

とはなかった。つまりヘイルズのような分析的で要素還元型の科学林業ではなく、かといってイーヴリンのように経験科学的なアプローチでもない。

これはビュフォンが、科学と創造的な洞察を融合した自然史のパイオニアだったからだと考えていい。いいかえれば、分析科学やナレッジベースの技術の枠組みを超え、全体観に立って個々の要素を比較分類し、関連づけ、統合していく「ホーリスティック・アプローチ」である。

いまでも貴族趣味や知の蒐集癖として扱われることのある自然史学だが、このアプローチは分析科学の欠陥を補うものとして、のちのエコロジー研究に多大な影響を与えることとなる。ここにビュフォンとその時代の自然史学者たちに共通する鮮烈な色合いがあった。

時あたかもフランス革命の足音が近づいていた。

歴史が大きな転換点にさしかかる時代には、既成の思考を一新させるようなパラダイムシフトも並行展開することがある。この時代にヨーロッパで注目された博物学者の年譜を見ると、奇しくも一七八九年の革命の前後にわたってもっとも多く分布している。

自然史学者たちは気づいていた。この学問は「神の視座」から森を、自然を俯瞰することになる。しかもそれが従来のキリスト教的世界観にもとづく「神」かどうかは、大きな議論を呼ぶことになると——。

かつて「二名法」を編み出して動植物を分類し、自然史学の草分けとなったスウェーデンのカール・フォン・リンネ（一七〇七－一七七八）にとって、自然界はすべて神による被造物であり、その創造の完璧さを証明するための自然探求を自認していた。彼は熱心なプロテスタントである。さらにプライベートな手記では、雷に打たれて死んだある村の男の非運までも、神罰によって合理化しようとする。そんな一貫した因果応報の倫理観も、リンネの時代にはしごく当たり前なものだった。

しかしもうすこし年代が下ると、もはやそんなことはいっていられなくなる。

ビュフォンの知己には、啓蒙家のヴォルテールもいればジャン＝ジャック・ルソーもいた。百科全書派のドゥニ・ディドロや、重農主義者ジャック・ネッケルもいた。いずれ劣らず、旧体制の価値の枠組みには収まりきらない世界ヴィジョンの持ち主たちだ。彼ら自身、社会も自然もひとつの体系に統合しようとするシステム思考を駆使することに慣れていた。教会を中心に展開してきた歴史の軸は、もはや人為的で世俗的な価値体系にすぎなかった。パリのカフェ「プロコップ」には、「理性を覚醒させる飲み物」として流行しだした一杯のコーヒーを片手に、彼らの談論風発する姿があった。

フランス革命は、科学知のこうした変革とも相互乗り入れをしながら起こった社会変革である。

ビュフォンが数学と訣別した理由のひとつとして、「現実感覚をもつがゆえに純粋な数学者たり得なかった」*（ピエール・ガスカール）ということがよく指摘されるが、これは数学だけでなく、当時のニュートン物理学に代表される科学との訣別を意味する画期的な流れだった。

これがフランス革命とも無縁でないというのは、既成の思考の枠組みからの解放をめざしたからである。ジャコバン派にとってみれば、科学であれ神学であれ、従来型の思考との訣別はすべて、自分

*「現実感覚をもつがゆえに……」ピエール・ガスカール著『緑の思考』（佐道直身訳、八坂書房）より。

たちの新たな価値体系に一部援用できる動きだった。

いずれにせよ、この時代の前後に生まれた「反制度的な科学」のひとつが自然史＝博物学であることは、記憶しておいていい。それがのちの進化論につながり、チャールズ・ダーウィンの信奉者だったエルンスト・ヘッケルを介して生態学＝エコロジーへと発展していくからである。この一連の系譜は、近代科学史の一潮流と見ることができる。

時間と土地を解放したフランス革命

「自由よ、おまえの名のもとに、何と多くの罪が犯されたことか――」

ジロンド派（穏健共和派）のロラン夫人がこう叫んで断頭台に立った一七九三年、ジャコバン派は革命フランスに新たなるテコ入れをした。革命暦の導入である。

ロベスピエール率いる国民公会が制定したフランス革命暦、別名「ジャコバン暦」とも呼ばれるこの暦は、従来使われているグレゴリウス暦とはまったく異質のものだった。

フランスには昔から、「生物季節学」（フェノロジー。別名「花暦学（かれきがく）」）といわれる経験科学の一分野がある。東洋の二十四節気や七十二候のように、動植物の見せる季節変化の兆しを暦に定着させたものだ。ジャコバン暦も、見ようによっては花ごよみかと思わせるほど季節ごとの推移に寄り添い、まさに百科全書のごとく自然科学への知的欲求をかきたてる。

この暦は動植物だけでなく、鉱物や農耕具の名前からも着想を得ていた。林業や農業のすべての関

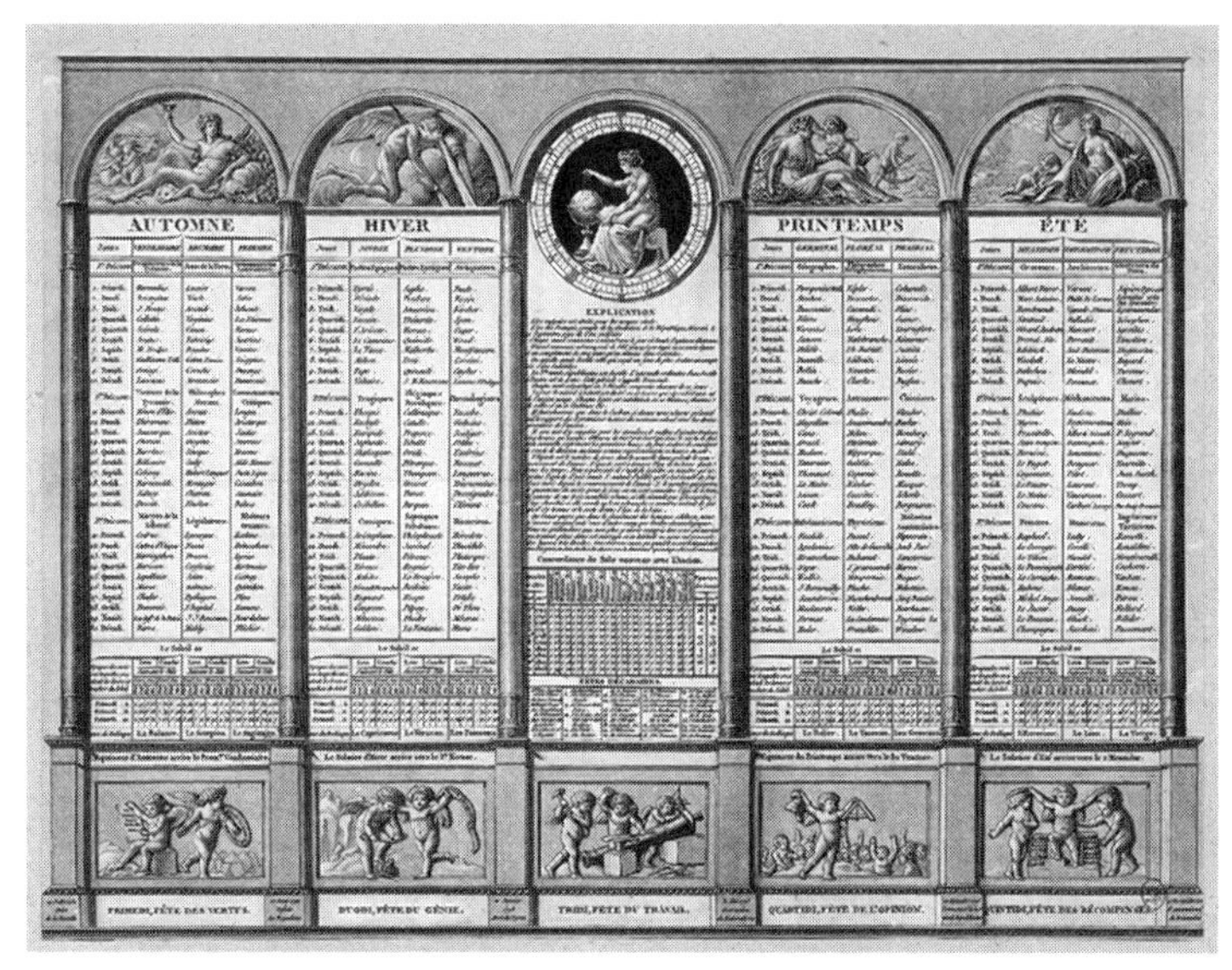

図 19　自然史や農事暦の趣きをもっていたジャコバン暦
1 年を 365 日、1 月を 30 日、1 週を 10 日、1 日を 10 時間などとする十進法のカレンダーで、月や日には自然現象・動植物・農機具など、季節の推移がわかる名をつけていた。

係者が「わが世の春到来」と感じたとしても、あながち的はずれな反応ではない。それほど画期的なナチュラリスト・カレンダーだったのである（図19）。

　だが、この暦によって革命フランスが目論んだのは、残念ながらそれではなかった。ローマ・カトリック教会を始点として、一八〇〇年になんなんとする歴史を積み上げてきたグレゴリウス暦を完全撤廃し、それに代わる新たな時間の枠組みを制定しようとしたのである。

　近代では、時間を管理する者が労働者を組織し、社会と経済をまわしていく。革命政府は、「理性の崇拝」による内側からの改革と並んで、革命暦によって国民の生活を外側からも規律していこうと考えた。
とはいえ、ゴシック建築の大時計が宇宙のシンボルでもあるように、暦もカトリックの世界観においては、死滅と再生の大循環システムとして働いていた。いかに自然の表象を用いて新機軸を凝らしたところで、ヨーロッパ二〇〇〇年の思考体系に代わる哲学をもった新たな暦が、一朝一夕に創造し得ないのは当然だった。

時は「テロリズム」の語源となった恐怖政治（テロル）のさなか。国王ルイ一六世や王妃マリー・アントワネットだけでなく、おなじジャコバン派内の右派ダントンや左派のロベールまでもが処刑された。テロルは日に日に高いうねりとなり、「近代にとって理性とは何か」という問いかけを混迷の淵へと追いやっていく。

そのジャコバン派の革命暦で「熱月」と呼ばれる一七九四年七月二七日に、クーデターが起こった。「テルミドール九日の反動」である。次々と対立派を粛清していくロベスピエールの政策が混乱と分裂を招き、ついに孤立して反対派の陰謀に倒れた。

硬直しすぎていた革命の樹は意外に脆く、一瞬の強風になぎ倒された。
こうした第一共和政の終焉とともに、革命暦も短命に終わった。ナポレオン一世の第一帝政のときに一時復活したが、やがては飾りものにすぎなくなった。

しかしフランス革命で断行された改革のなかには、もっと社会の核心に突き刺さり、のちの世の森林行政にも長く影響をとどめる施策があった。
国有林と私有林の再編である。

革命期の国民議会は、王室や僧院や亡命貴族の森を解体し、国有林とした。その後、一部は財政上の理由によって、条件つきで国民に譲渡された。またコルベールの森林大勅令の大要は残しつつも、私有林や市町村林への国の管理は一七九一年の法律によって廃止となった。

このとき以来、フランスがヨーロッパ林業のトップランナーに立ったと見る向きもある。あらゆる規制を廃し、最先端の森林法を備える独立自営の林業経営体をいち早く生み出した国という肯定的な見方だ。

かと思えば、この土地改革が結果的に森林管理の大失態を招いたという人もいる。小規模で荒廃した森林を増大させることになった改革によってである。これは否定的だが大方の見解でもある。

どちらが正解だったか。答えは照らす光の向きによって変わる。

清廉の士ロベスピエールや、あまりに人間的すぎたダントンの名誉のためにことわっておくと、革命政府に林政改革への意欲がなかったわけではない。むしろありすぎだった。一七九一年に森林管理庁を設けたところまでは、誰が見ても方向性は狂っていなかった。

しかしこのとき彼らは、それまでの林務官をすべて更迭してしまった。これが後世にも尾を引く決定的な失策につながった。森林管理技術をもった旧来の林務官がいなくなったことで、森林は施業管理不足、盗伐、林地の蹂躙などによって、みるみるやせ細っていった。

その結果、都市問題にたとえれば「スプロール現象」のように、森は機能的なまとまりがなく、無計画に寸断されたモザイク化への道をたどっていく。

一八世紀前半には誰もが憧れる散歩道のあったパリのブローニュの森など、革命の戦火に滅ぼされたばかりか、イギリスやロシアの兵士によって不当に占拠され、略奪を受けてもいた。ブローニュがようやく再生するのは、都市計画者オスマンと同時代の造園家ガブリエル・ダヴィドによって、五万本のポプラが植えられてからである。

いまでもフランスの森のうち、国有林の占める比率はすくない。それは約九パーセントで、わが国の三〇パーセントを大きく下回る。私有林は七五パーセントで、所有者は面積一ヘクタール未満の零細な個人経営が多い。フランスの森の大きな特徴のひとつである。

こうした森林の所有形態は、土地の帰属が革命期の国民議会によって確定されたことに端を発する。多くの私有林で、森林の管理技術をもたない個人が一定面積の森林を登記上所有したまま、放置してしまう状態が一世紀あまりも続いた。もともとの複雑なモザイク地形に加えて、中世には大開墾で森が寸断されたうえ、革命時代にはさらに細かく分割管理される私有林が増えた。

一九世紀以降のフランス林業史は、この境遇との闘争史でもあった。従来の健全な森の状態に戻すためには、つねにリハビリとメンテナンスのための資金的・技術的補助が必要だといわれ続けてきた。

第二次世界戦後、その役割を担っていたのが国家林業基金（ＦＦＮ）で、私有林における林業生産高の四・七パーセントを財源として、植林や林道開発を支援した。フランス農林水産省の調べでは、戦後の一九四七年から一九九九年までに、およそ二二五万ヘクタールの私有林がＦＦＮによって再生された。

「われわれは伐り倒されても生えてくる」――植民地奴隷がつくった国ハイチ

パリではカフェ文化がますます意気軒昂だった。

詩人はアレクサンドラン*を使った自作の詩を仲間に朗誦して聴かせ、老いた男女はトランプをめくり合いながら昔語りに興じ、辻音楽師はしばしば店に闖入(ちんにゅう)しては二〇サンチームをせびる。「一曲やるんでお心づけを——」。そして二階席では若い将校が、マドモワゼルたちの気を惹こうと遠征先での武勲をひけらかした。

ところで、このカフェで客たちの啜(すす)るコーヒーは、どこから来ていたのだろう。砂糖はどこの大地で芽吹くサトウキビを搾ってつくられたのか？

それはおもに、西インド諸島から運ばれていた。とくにフランス革命の時期には、奴隷を使っての大農園栽培、いわゆるプランテーションによるコーヒー豆やサトウキビの大量生産を軌道に乗せていた。

すでにポルトガル人が入植し、オランダ人が商業圏を確立していたブラジルでは、サトウキビ栽培のための開墾が森林をむしばんでいた。当時、「白き黄金」と呼ばれ、投機の対象でもあった砂糖。その需要がヨーロッパで急速に高まり、各国がしのぎを削ってサトウキビ・プランテーションと奴隷貿易をワンセットにした砂糖ビジネスを展開していた。

遅れてフランスが進出したカリブ海の西インド諸島でも、事情は変わらなかった。リーワード諸島、

＊アレクサンドラン　一行が一二音節からなる詩行。

トリニダード・トバゴ、ジャマイカなどでは、仏領ギアナから「輸入」された奴隷によってプランテーションが成り立っていた。それ以前から大資本と奴隷労働力がつぎ込まれ、圧倒的なサトウキビ生産地となっていた小アンティル諸島南端のバルバドスでは、すでに森林がまるごと伐採し尽くされるという惨状だった。

サトウキビのプランテーションには、おもに三つのデメリットがある。

まず、広大な畑地の開墾によって、森を犠牲にする。

次に、収穫後のサトウキビから砂糖を精製する工程でも、大量の燃料用木材が必要となる。

さらに、砂糖という単一作物に頼ったモノカルチャー経済で、現地住民の食生活や流通機構が立ちゆかなくなる。

一七八七年、イスパニョーラ島のサン・ドマング（サント・ドミンゴのフランス名）でおこなわれた残虐行為に対する暴動が発生する。この動きを巧みな機略でリードし、一時の騒乱ではなく革命につなげようと導いたのが、のちに「黒いナポレオン」と呼ばれることになるハイチ建国の父、トゥサン・ルヴェルチュールである。

トゥサンは奴隷の子として生まれた。子どもの頃は動物好きで、農場ではウシやウマやヒツジといった家畜の世話をしたり、サトウキビの圧搾に使う回転機を引かせるラバの見張りをしたりした。父親からは森に生える薬草の知識を伝授され、粉薬や膏薬や煎じ薬を使って、西洋医学では治せない病気を治したりしていた。これは医学というよりも秘術に近く、いまもハイチに見られるブードゥー信仰に淵源を発するといわれる。

サトウキビづくりはどこの農場でも重労働で、とくに刈り入れどきには苛酷をきわめた。収穫したサトウキビを圧搾するとき、機械に巻き込まれて片腕を失う奴隷や、休みなく仕事を課されて日々の過労が蓄積し、死んでいく奴隷もいた。腕を失ったマカンダルという奴隷は、復讐としてブードゥーに伝わる毒薬で白人たちを次々と殺し、捕らえられて火あぶりにされかけた。だが、かろうじて森に逃げのび、死後は鳥の霊となっていまも同胞たちに呼びかけている。「蜂起せよ」と——そんな言い伝えも生まれた。

どんなに聡明な子でも、将来性などとは無縁に幼少時から過酷な肉体労働だけをあてがわれる。それが奴隷身分というものだ。しかし少年トゥサンは、わりあい理解のある奴隷主に恵まれたのが幸いだった。そのためクレオール語やフランス語を早くから身につけ、数学や工学などの知識も吸収することができた。さらに運良く、青年期には奴隷身分から解放され、「自由黒人」の地位も手に入れていた。

これと同時期に、本国フランスではバスティーユ監獄が襲撃された。多くの人が「一七八九年」という年号とともに覚えたことのある、あの歴史的事件だ。この監獄には、王政転覆を狙う政治犯が大量に強制収容されているとの触れ込みだった。ところが、実際は政治犯などではなく、数名のコソ泥が冷や汗をかきながら出てきたという。闇が深かったのはパリよりもむしろ、ここ西インド諸島のサン・ドマングだった。自由・平等・博愛の精神にもとづいてフランス国民議会で制定された「人権宣言」が、植民地ではプランテーション経営者たちによって効力を否定されたためだった。

バスティーユ事件の二年後、プランテーションで働く奴隷労働者たちの暴動をきっかけに、大規模な反乱が起こった。ギアナから運び込まれた四万人の黒人奴隷が起こした暴動は、ロベスピエールのジャコバン党にちなんで、「黒いジャコバン」と呼ばれた。

一七九四年、フランス国民公会は黒人奴隷の廃止を決めた。しかしその後、外圧に対して弱腰な総裁政府をクーデターで破って政権を打ち立てたナポレオン・ボナパルトは、植民地ではフランスの利益を優先し、革命勢力の弾圧に転じた。

そのためにハイチへ派遣されたのが、ナポレオンの義弟にあたるシャルル・ルクレール将軍である。ルクレールがサン・ドマングに入ったとき、トゥサン側の将校たちは次々とフランス側に寝返った。トゥサン・ルヴェルチュールは投降してフランスへ送られ、獄死した。一方ハイチで彼を捕らえたルクレール将軍も、風土病にかかって黒い吐瀉物にまみれて死んだ。いわば両者は刺し違えだった。

「私という幹を伐り倒しても、深い根をもつ黒人の自由は残る。そしてまた、新たな幹が生えてくるだろう」

ルヴェルチュールは捕らえられたとき、自分たちを森林になぞらえてそういった。

この言葉どおり、彼の死後にその遺志を受け継いだ者たちが自由への闘争を続け、一八〇四年にハイチはついに独立を宣言した。

奴隷が打ち建てた世界最初の国、ハイチ。しかしアメリカをはじめとする国際社会からは長いあいだ承認されず、その後も累積債務と構造的貧困を抱え続けることになった。失われた森を再生し、天然の水源を回復することは、いまも見果てぬ宿願だ。

森林科学の最高学府がナンシーに

フランス本土でも、森林面積は相変わらず減っていた。一九世紀初頭、その数字は約七五〇万ヘクタールまで落ち込み、国土面積の約一三・六パーセントとなった。この国に文明が始まって以来、これがもっとも森林面積の落ち込んだ時期である。革命後は、先ほど見たように荒廃した私有林が増えてしまっていた。だがその背景には、やはり林業の人材不足がある。法整備の進展にくらべて、現状がまったく追いついていなかったのだ。そこで育苗や更新や樹種転換などについて、専門技術を備えた森林管理者の育成が急がれるようになった。

一八二四年、この目的でナンシー林業専門学校が設立された。ナンシーはフランス北東部にある鉄鋼業の都市だ。現在ムルト＝エ＝モゼル県の県庁所在地でもある。ガラス工芸のエミール・ガレや、ドーム兄弟に代表される「ナンシー派」のアールヌーヴォーでも知られる。

この学校の設立にあたっては、林学者でもあったボードリヤールという森林局の役人の働きかけがあった。その背景として見逃せないのが、一八世紀末に隣国ドイツで林学が飛躍的に進歩していたことだ。

そもそもドイツには、一七一三年にハンス・カール・フォン・カロヴィッツ（一六四五－一七一四）が著した『*Sylvicultura Oeconomica*（造林の経済学）』を原点とする「保続林業[*]」や、「恒続林思想」の伝統があった。カロヴィッツはザクセンの鉱山局長で、森林の永続的な経営をめざした科学的な植林と伐採を唱えた。

一八世紀末には、この保続林業の精神と科学的林業の思想を受け継ぎ、材積法にもとづく収益計算、森林評価、育林計画といった理論的体系ができあがっていた。

いまにして思えば、これは樹種構成がわりあいシンプルなドイツだからできたことだ。種の多様性を旨とするフランス林業がこれを全面的に取り入れられるはずもないし、またその必要もなかった。

しかし当時のドイツ林業*には、成果主義によって周辺国をなぎ倒すほどの勢いがあり、自国の優越性を証明するかのように導入を迫ってくるものがあった。すでにドイツには、フランスより二〇年近くも前から林業専門の学校や大学の学部があった（フライブルク、タラント、ダルムシュタットなど）が、フランスはいわば「知的外圧」から、こうした動きを否応なく「まねぶ」こととなったのである。

この時代のスイスの植物学者、アルフォンス・ド・カンドルはこんな言葉を残している。

「戦争や略奪が栽培の試みを邪魔することはしばしばある。だが敵意や猜疑心は、ある種族から別の種族への模倣を進ませる原因となっている*」

これは農耕初期における栽培技術の伝播について述べたものだが、むしろド・カンドルは、自国スイスと東西の国境が接する独仏の現状を、遠い昔の異郷になぞらえたのではないかと思われるほどだ。

ただし、その後のナンシー国立林業学校は、フランスの林業・水資源管理分野で膨大な人材を輩出し続ける中枢的な林業教育機関となっていく。あのフィリップ端麗王以来の「水・森林管理」の伝統も、しっかり根づいていた。明治期には日本の農林官僚たちがこの学校に留学生として派遣され、高度な林業と水利の知見を身につけて帰国している。そうした官僚のなかには、日本画家・高島北海として活躍した高島得三*もいた。

ナンシー林業学校は大学ではなく専門学校（ただし学士レベルより上級の教育機関）なので、講師のほとんどは森林官だった。実習や調査のための現場研修が重視され、近くの山林や製材工場の見学も多かった。地質や植生の調査はもちろん、材積表を用いた蓄積成長量の測定も森林官の立ち会いでおこなわれる。胸の高さで樹木の直径や周長を測り、タリフ・ダメナージュマンという経理材積表（一四七ページに述べる経理材積法の基本ツール）を使って成長量を割り出す。その成長量の値をもとに、年間の伐採量（年伐量）が決まる。

学校の近くにはアルザスやヴォージュの山々があり、ジュラ山脈にはトウヒやモミの択伐林がある。

＊保続林業　森林のもつあらゆる機能と、それを支える土地の生産力が永続的・恒常的に維持されなければならないとする考え方。

＊ドイツ林業　この時期のドイツ林業として一般に紹介され、本書でも取り上げる法正林や森林経理学などは、おもに北部ドイツ林業の特色である。これに対して、ミュンヘンをはじめとする南部ドイツの林業は、林学者カール・ガイヤーやヨセフ・ケストラーらによって提唱された林業であり、北部とはまったく様相を異にしていた。すなわち、北ドイツの単一樹種による均一的な栽培と収穫を「樹木栽培業」として批判し、「真の林業とは、森林がもつ多機能の合自然的で近自然的な利用である」という理念のもと、不定形で多角的な林業を実践していた。一読してわかるように、当時フランスが実践していた林業も、むしろこの南ドイツ方式に近かった。南ドイツ方式の林業については、『森林業――ドイツの森と日本林業』（村尾行一著、築地書館）に詳述されている。

＊「戦争や略奪が……」　ドゥ・カンドル著『栽培植物の起源　上』（加茂儀一訳、岩波書店）より。

＊高島得三（一八五〇－一九三一）　明治時代の官僚で日本画家。一八八五年から三年間、明治政府の命によりナンシー国立林業専門学校に在籍し、植物地誌学を研究した。画家としての名は北海。

カシワならトレーヌ、ブナならノルマンディーというふうに、フランス東北部には実地に見てまわれる森林がいくらでもあった。植生調査では、すでに指標生物*の理論も応用されていた。

授業の内容やカリキュラムは時代の変化にともなって、当然大幅に推移しているが、現在もこの学校は、「地方水源・森林管理技術学校」（ＥＮＧＲＥＦ）という農林水産省直属の専門学校であり、林学の名門として無類の存在感を放っている。

学校設立の動きに次いで、一八二七年には新たな森林法典が制定された。すでにフランスでは一八〇四年に「ナポレオン法典」が制定されていた。革命の成果を踏まえ、個人の自由や私的所有権の不可侵といった市民の権利を保障した民法典である。森林法典もこの歩みを受けて、国有林と公有林は国の管轄とするが、私有林については開墾の許可を取る場合を除き、原則的には所有者が自由に管理してもいいことになった。

森林法典の差し迫った背景としては、たびかさなる洪水があった。森林減少で山地の保水力が弱まり、土壌浸食も進んで大洪水が頻発する。一八五九年に起こった大洪水は、山地造林法が翌年に制定されるきっかけとなった。

この法律は、洪水の危険が差し迫っている緊急造林地域と、そこまでには及ばない非緊急造林地域の二種類に適用地域を分け、森林所有者に造林を半ば強制するものだった。

その後、これでは厳しすぎるという議論を受けて、造林のかわりに張芝で代用するとした張芝法（一八六四年）、水源のために必要となる林地を政府が買い上げることのできる山地回復保存法（一八八二年）が制定された。

一八七一年に各州の連邦国家としてスタートしたドイツにくらべると、フランスは中央政府の権限が強く、森林についても法的規制を全国にすんなり浸透させやすい強みがあった。

一九世紀は石炭・石油といった化石燃料が本格的に使用されるようになったため、燃材としての木材需要は大幅に減ったと見られがちである。

ところがそうはならなかった。新聞や雑誌のような紙媒体のメディアの台頭で、パルプ需要が急激に高まったからだ。また鉄道の時代の到来で、線路に使う枕木の需要が予想外に増していた。それも含めて差し引きすれば、木材消費量は減るどころか増えていた。

燃料の主役が薪炭から化石燃料に引き継がれたとはいえ、国土開発の圧力にひしがれた森がここでひと息つくことは、まだ一向にままならなかった。

戦火のたびに林種転換——ドイツ林業との確執

フランスとドイツの林業技術の違いは、基本的には樹種の違いだった。

林種転換の技術や更新の方法などの違いについては第Ⅲ編で述べる。ここではあえて大雑把に、フランスは広葉樹林業、ドイツは針葉樹林業と分けておきたい。そしてこの違いが、その後の両国の森

＊指標生物　ウメノキゴケなどの地衣類は、大気汚染に対して脆弱な生体反応を示す。このように、ある環境条件に対して敏感な生物を、その環境条件の指標生物という。

林行政のあり方にも大きく反映されてくる。

針葉樹の高林を特徴とするドイツの法正林、針葉樹と広葉樹を組み合わせた中林を特徴とするフランスの複層林は、ときに原理主義化して鮮明な旗印となり、林業のイデオロギー的対立まで生むことになった。

それを象徴するような小競り合いが、アルザス・ロレーヌ地域の森林管理に見られた。

アルザス・ロレーヌは、フランスとドイツの国境にある。ブドウとコムギの栽培で知られるが、石炭と鉄鉱石が採れたために鉱工業地域として栄えた。その利権も絡み、この地域は仏独の戦争のたびに領有権が二国間を行ったり来たりしてきた。

たとえばルネサンス期の終わり頃、アルザス・ロレーヌは神聖ローマ帝国に属する公国の所領だった。その後、王権の強まったフランスがここに影響力を及ぼすようになり、三十年戦争の講和を決めたウェストファリア条約（一六四八年）で正式にフランス領とする。

次に普仏戦争でプロシアがフランスを破りドイツを統一すると、この地は一転、ドイツ領へ。

第一次世界大戦直後には一時共和国として独立するが、その後ふたたびフランス領へ。

さらに第二次世界大戦でナチスドイツがフランスを一時併合するとドイツ領になるが、最終的に連合国が勝利しパリ講和条約が結ばれるとフランス領へ――。

じつにめまぐるしい綱引きだった。

それにともなって転換されたのが、公用語をはじめとするさまざまな制度と並んで、森林行政である。

実際にアルザス・ロレーヌは、林種が頻繁に交代している。先ほど大別したように、フランスの主要樹種は広葉樹、ドイツは針葉樹。これがアルザス・ロレーヌにも適用され、仏独は互いにこの地域を奪取するたび、せっせと自国の林種へ転換させる。とくに普仏戦争から第一次世界大戦後にかけては、森を見ればいまどちらの国力が優勢で、どちらが劣勢かわかるというありさまだった。

さらにはこうした敵愾心が、資源保護にはむしろプラスに働くこともあった。

第二帝政、つまりルイ・ナポレオン（ナポレオン三世）治世下の森も、そんな展開を見せた。

ナポレオン三世といえば、プロシアのオットー・フォン・ビスマルクによる老獪な外交手腕で一九世紀のヨーロッパ秩序から蚊帳の外へ追いやられたことや、「エムス電報事件[*]」でビスマルクの術中にはまり、普仏戦争を開戦させられ敗北したことで知られる。ナポレオン一世の威光だけで担ぎ上げられたと見られやすい指導者である。

しかし彼の時代、国情はまずまず安定していた。これは帝政の支持母体である保守的な農民やカトリック勢力だけでなく、労働者階級にも目配りができていたためである。また、イギリスに次ぐフランスの産業革命は彼の時代に完成し、産業資本、とくに金融資本の発達を見た。こうした近代産業の

＊エムス電報事件　国土統一をめざすドイツ（当時のプロシア）を阻害しようとしていたナポレオン三世のフランスに、普仏戦争開戦のきっかけを与えた事件。プロシア国王ヴィルヘルム一世が静養先のエムスからフランス大使の非礼を伝えた電報を、ビスマルクが一部書き換えて公表し、プロシアに対するフランス国民の戦意を煽った。

インフラ整備へと歩みを進めるうえでも、伝統の「水・森林管理」技術はやはり大事な軸足だった。

森林破壊による洪水被害は、彼より前の七月王政の時代（一八三〇〜四八年）から頻発していたが、第二帝政下でも一八五六年のローヌ川大洪水、一八五九年のロワール川大洪水と、続けざまに鉄砲水が発生し、土石流が逆巻くようになる。

山岳地帯の再造林をめざす一八六〇年法の成立を見たのは、このような事情からだった。またあとで述べるように、ランド県の砂防のために大規模な植林を断行したのもナポレオン三世だった。

さらには第Ⅲ編で述べる日仏の林業のきわめて大事な接点として、ルイ・ナポレオンは一八五八年に江戸幕府の第一五代将軍、徳川慶喜とのあいだで修好通商条約を結んでいる。これは幕末の日本が一時、林業を含めたフランスの産業技術を吸収する絶好のタイミングだった。

ことほどさように国策や国際経済は、いつの時代も森の姿を変え、水環境を長いあいだ左右してきた。

現在は「水の世紀」と呼ばれるとおり、水メジャー企業による利権の独占や金融資本の林地買い占めなど、水や森をめぐる国際緊張が生まれやすい時代に入っている。グローバルとローカルの中間規模にあたるリージョナルな環境協力が、新しい議論の焦点になってきた。つまりライン川やアルプス山脈、環太平洋や環日本海といった国境をまたぐ生態系を共有し合う国々の関係が、世界の地域環境協力への先例になるという意味でも注目されている。

余談になるが、ＥＵ発足を宣言したマーストリヒト条約（一九九一年）の一四年後、地球環境をテーマに掲げた日本の万国博覧会（愛知県）では、仏独がひとつのパビリオンを共同開催している。

ライン川を写した巨大パネルを両パビリオンで共有する展示も見られた。

欧州統合にともなって、「ひとつのヨーロッパ」のリーディングフォースを担う二国が、歴史的確執を乗り越えて協調していく。その新たな姿勢を国際的に打ち出した共同パビリオンだった。

メディア関係者のあいだでは、「新国際秩序に向けた財政主導のパフォーマンス」などという批判もあった。しかしいまここに見てきたような旧来の対立軸や、その後のナチスドイツも含めた長い仏独関係の歴史を振り返るとき、両国が協調してヨーロッパを主導するという現在の動きには、やはり隔世の感がある。

柔軟に、しかし執拗に――照査法の発展とギュルノー事件

フランス林業とドイツ林業のもうひとつの大きな違いは、森林経営方式そのものにあった。

フランスはコルベールの森林大勅令以来、伐採した面積に応じて林分を育てる方法を採用していた。これを「面積法」という。対するドイツは、同一樹齢ごとに林分が順番に配置された「法正林」を前提としていて、予定する生産量に向け、緻密な計算にもとづく伐採計画を実行していた。これを「材積法」という。

「材積法」は伐採計画が立てやすい半面、「面積法」にくらべて気象の激変や木材価格の急騰などといった不測の事態に対応できない。一方の「面積法」は、「材積法」ほどキメ細かな生産量を算出できない代わりに、多様な樹種や樹齢にフレキシブルに対応できる。樹齢のおなじ単一樹種を基本とす

るドイツと、樹齢が異なる複数の樹種の混交林を基本とするフランスの違いを踏まえると、まさに法正林向きなのが材積法で、複層林向きなのが面積法ともいえる。

ところがナンシー国立林業学校の創設以来、ドイツ式の一斉林が導入されていたフランスでは、国有林管理にも一斉林の発想が用いられていた。

同校の出身者であるアントワーヌ・ジャン・バティスト・アドルフ・ギュルノー（一八二五－一八九八）も、任地のブルゴーニュ＝フランシュ＝コンテ地域圏では同齢一斉林を適用していた。しかし落葉広葉樹林を用いなかったこの方法は、根の張り方が弱く、洪水や森林倒壊を招くことが多かった。そこでまずギュルノーは、成長量を綿密に調査して造林する方法を考え出し、それをこの一斉林で実践した。

これは人間が森林を成長量によってコントロールする技法なので、「照査法」*（méthode du contrôle）と呼ばれている。直径の異なる木材の伐採量をコントロールし、林分全体で樹種の割合や木材蓄積量を一定に保つ方法である。

照査法はのちにスイスでも導入され、スイス林業の代表的な方式のひとつになる。

そしてフランスのギュルノーは、次第に一斉林一辺倒となっていくナンシー派の森林官たちと対立するようになっていった。

一八六一年、係争は表立ってきた。ルヴィエの森でのギュルノーの照査法実験に、治水森林局が「待った」をかけたのである。照査法は異種混交林に導入された段階から、生物多様性の保全にもメリットを発揮していた。しかし森林官たちは、「人間が森林の成長量をコントロールするのでは、自然な林業といえないだろう」という。この「何が自然か」という部分で業界挙げての論争が勃発し、最終的には国会審議の場にまで引っぱり上げられる議題となった。

反対派の「照査法は自然林業ではない」という主張こそ、ギュルノーにとっては捨ておけない暴論だった。病害虫や異常気象のような不測の環境要因を克服できる手法であってこそ、立木の自然な成長と生物多様性を維持することができる。一斉林の短所をそのまま体現したかのように杓子定規な反対派たちは、この点をまったく無視していた。しかもそれは、フランス林業の伝統までも曲解し、あらゆる抵抗勢力を排斥しようという態度にも思われた。

実際、ギュルノーは治水森林局の職を追われることとなった。そのうえ彼の手法は、「きめ細かな調査を要するために人件費がかかりすぎ、原価割れのリスクがある」との批判まで浴びた。

もはや失うものもなく、森林官としての矜持だけがギュルノーの支えになっていた。彼はこの批判

＊照査法　ギュルノーが『*Cahier d'aménagement pour l'application de la méthode par contenance, exposé sur la forêt des Eperons, Besançons*（エペロン林でおこなわれた面積法実施のための経理手帳）』（一八七八年）で述べた森林施業の方法。木の生長量に見合った伐採をおこなう目的で、前回の伐採から今回までの成長量を綿密に調査し、計算によって次回伐採までの成長量を予測しながら伐採計画を立てる。「森林の正確な観察にもとづいて、持続的に最高の生産力を発揮できる状態に導く集約的な施業」とされる。従来の経理方式が演繹的で理論先行型といわれるのに対し、照査法は帰納的で実践型の特徴をもつ。その後、ギュルノーの照査法を大成させたのがスイスのアンリ・ビヨレイで、著書に『*Aménagement des forêt par la méthode expérimentale et spécialement la méthode du Contrôle*（実験的手法による森林経理、とくに照査法）』（一九二〇年）がある。

にも真っ向から反駁し、発言の機会を得ては一つひとつの論拠を叩き潰していった。

皆無だったギュルノーの支持者が、わずかずつだが増え始める。一九〇六年、後継者たちの手で照査法の手法にもとづく林業の会社が立ち上がるに及んで、ギュルノーの蒔いた種はようやく「未生」から「実生」に変わった。

この展開は、ヨーロッパを席巻したドイツ林学の影響からフランスが脱皮したことも意味していた。持ち前の適地適木と複層林の考えにもとづく独自の発想で、新たな林業の可能性を切り拓いたのである。

現在、フランスでは照査法の手法を用いて、五～一〇年に一度、胸高直径にもとづいて、ひとつの森林のすべての樹木を三つのクラスに分類する手法が採用されている。ギュルノーは、この三つのクラスの樹木の割合がつねに一定になるように択伐による計画伐採をおこない、森林の樹種構成と均衡状態を保つとしたが、実際はその比率を一律には定めないことなど、部分改良も施されながら新たな発展を遂げている。

衛星からも見える広域砂防林

森の生い立ちの話は、一九世紀後半にさしかかっている。

この頃に大規模造林されたランド県の砂防林は、針葉樹ではあるが、フランスを代表する森のひとつだ。

これは衛星画像でも広大な三角地帯としてはっきりととらえられる。大西洋に面した海岸二二五キロメートルにわたり、九〇万ヘクタールの砂地を覆っている。この面積は東京都のほぼ四倍に相当する。ランド県は行政区分ではヌーヴェル＝アキテーヌ地域圏に属するが、ギュイエンヌ地方やガスコーニュ地方といった昔ながらの呼び名の方がなじみ深い。水はけの悪い砂地で、「荒れ地」を意味する「lande」がそのまま地名として残った。だから「ランドの森」は「荒れ地の森」の意味で、いわば自家撞着したユニークなネーミングということになる。

古来、ここでは竹馬に乗った羊飼いによる放牧がおこなわれてきた（図20）。竹馬なら高所から目配りがきく。広大な牧羊地でヒツジたちを管理するため、羊飼いは極端に脚の長い竹馬を駆使して移動し、ときにはアグレッシブな勢いで疾駆することもできた。冬にはマントを羽織るが、それが一層のインパクトを感じさせ、竹馬を含めれば一五頭身くらいある立ち姿は、何ともエキゾチックだった。いまではもっぱら、スポーツとしてこの竹馬歩行に親しむ人が多い。万が一、前にのめって転びかけた場合の受け身の取り方までしっかり確立されている。

さらに日本では、「フラバンジェノール」という成分からつくられる、かつてテレビCMでも知られた飲料水や化粧品を思い浮かべる人もいるだろう。フラバンジェノールはポリフェノールの一種で、このランドの森の砂防林を形成するフランスカイガンショウの樹皮から採れる。

ランドの森は、古くからある自然林に大幅な造林を加えてできあがった。

フランス革命の初期、技師のニコラ・ブレモンティエが「オーヤ」（またはグールベ）というイネ科ハマムギ属の多年草を併せて使うことにより、マツを砂地に定着させることに成功した。オーヤが密

図20　竹馬で牧羊地を移動したランド地方の羊飼い
荒地や湿地もすばやく移動でき、ヒツジの群れもよく見渡せた。

生していると、マツの苗が風に飛ばされるのを防ぐことができる。排水のための水路網もジュール・シャンブルランやアンリ・クルーゼの手で発達し、下水の衛生とマツ植林に関する一八五七年の法律が後押しとなって、ランドの植林は本格化する。

ナポレオン三世は、一八五三年にパリ盆地南部のソローニュで三三八二ヘクタールの土地を取得し、うち六〇〇ヘクタールを造林したあと、ランドの近くのソルフェリーノでも植林用地として土地を買い上げ、七六五四ヘクタールの造林に着手した。これは伯父ナポレオン一世の遺志を受け継いだプロジェクトだった。

大植林事業がひととおり完成したのは、一八六一年だった。アメリカ南北戦争の年である。

苗木の成長にともない、海岸の浸食は食い

止められた。初めは密植されていたヨーロッパアカマツだが、その後、森林火災が起こった場合の延焼を防ぐために、苗木は列をなして整然と植えられるようになり、その列のあいだを消防隊が通り抜けられるようになった。

またマツの用途としては、松脂の抽出が一時代を画したこともあったが、現在ではおもに製紙用や加工木材用となっている。

ただ、このようなほぼ単一の樹種による植林というのは、ランド県特有の土地条件だからこそ評価できるものだった。つまり、風で飛ばされやすい砂をマツの根で定着させるといった、特定機能によってのみ意味をなす。そもそもの目的が、生態系保全とは別のところにあったといえる。ランドの成功にあやかろうと、この自明の理に反して単一樹種ばかりを植林しようとした地域は、ことごとく憂き目を見ることになる。後世に大きな問題となる単一植樹の問題を、そろそろこの時期から警告し始めていた人物がいた。

植物学者シャルル・フラオーである。

植物社会を究め、人間社会と格闘――フラオーの生涯

青年シャルルは、園丁の下働きに明け暮れながらも、まあまあの生き甲斐を感じていた。薄給で働く園芸助手たちの例にもれず、シャルルは報酬よりも植物の成長プロセスを好んだ。

国立パリ植物園。凍てつく雨粒に襟巻きが濡れそぼる二月の長雨にも、強烈な日差しが温室を照り

つける八月の南中時刻にも、彼は水やり、剪定、草むしりなどに黙々と打ち込む。樹木園では、菌類や草花や樹木が互いに作用を及ぼし合う関係性のなかでその生態変化をとらえ、作業の工夫に生かした。

「こいつはおもしろい。ひょっとしてモノになるかも」

日々その様子に何気なく目をとめていた育苗部長がいた。

植物研究の素質を買われ、シャルルはしばらくこの部長に師事することになった。その後、植物園からちょっと歩いたところにあるソルボンヌ大学へ通うことになる。さらにスウェーデンのウプサラ大学へ渡り、アカデミックな環境で植物の比較研究に没頭するようになった。

この青年こそ、のちにモンペリエ大学の植物学教授となり、植物研究所を設立して世界に「モンペリエ学派」の名を馳せるシャルル・フラオー（一八五二―一九三五）である。デンマークのヨハネス・ヴァーミングと並んで、ヨーロッパにおける生態学の先駆者としても知られる（図21）。

フラオーはその研究キャリアの早い段階から、植物の集団に目をつけていた。森を有機的なシステムととらえ、草花や樹木たちの社会単位を「群落」という概念で包摂した。

群落（コミュニティ）とは、いまでは「おなじ場所でともに生育しているひとまとまりの植物群」と説明されることが多い。ただし、ひとまとまりの植物群ならまっさきに「群集」（アソシエーション）や「群系」（フォーメイション）と呼ぶ学派もあり、呼び名も違えば研究方法も入り乱れていた。群落や群系（や群集や群叢や群団！）の別に加えて、細かな樹種の分類が加われば、ますます混乱してくる。こうした分類の統一も、フラオーは大きな国際課題と見ていた。

図21　植物学者でヨーロッパ生態学の父、シャルル・フラオー
（Muséum national d'Histoire naturelle）

その彼にとって、「植林」と「造林」は当然まったく別ものだった。仮に伐採で森が失われ、単一樹種の植林だけで再生を図ったとしたなら、植生や生物多様性までよみがえらせることはできない。とくにドイツでおこなわれた針葉樹林の大面積植樹は、樹間が広すぎて森を吹き抜ける風の速度が高まり、森林火災が起こりやすくなる。この点をフラオーは厳しくついた。

フラオーは行動する学者であり、曖昧を認めない糾問者でもあった。

当時、ドイツの人文地理学者フリードリヒ・ラッツェルも自国の「略奪経済*」を批判しており、フラオーに協力を求めてきた。フラオーは一九〇七年に開かれたモンペリエ学術会議の席上で、このラッツェルの主張に賛辞を呈し、「自然秩序の名において、略奪経済と闘争する」と宣言している。

図22　ブナ、モミ、トウヒをはじめ多様な樹種で構成されるセヴェンヌのエグアル山
フラオーがここにつくった樹木園は、いまも天然更新が続いている。

翌年、フラオーは国際地理学会に出席するためジュネーブにおもむき、植物学と林学というふたつの分野を統合するよう働きかけた。ついては「農・牧・林のバランス」も説き、国内の生態系の回復に努めたが、これもドイツ林業を批判することになった。その後、「フランスの富と力と健全さを取り戻す」という対独復讐を睨んだ政策に利用されたこともある。

モンペリエの北方一〇〇キロに、ラテン語で「神の庭園（*Hortus Dei*）」と称されるほど見目うるわしい植生をもつエグアル山がある。フラオーはセヴェンヌ地方の林業家ジョルジュ・オーギュスト・ファーブルに技術面を依頼して、この山に広大な樹木園をつくり、かねてから過放牧による浸食で荒廃していた山林を二〇年がかりで復活させている（図22）。

こうしたフラオーの行動派ぶりは、フランス国内の生態学会統一という動きのなかでもっとも顕著に発揮された。一九世紀末、モンペリエ大学教授として地中海学派を代表する立場にあった彼は、地中海全域の植生分布図作成に着手した。

このときフラオーは、行政区分で森林に境界を設けることを「ほぼ無意味」と考えた。そしてこれに反対する学会の地方部会を次々に訪れ、政府との妥協案や折衷案をひとつずつ粉砕していく。むろん理性の導きにしたがっての行動だが、見ようによってはフラオーらしい、憎めない破天荒ぶりである。

結局、植生分布図の作成は頓挫したが、それまで自然史学者がリードしてきたフランスの生態学は、フラオー以降、植物学者によって牽引されるようになる。

それを裏づけるように第一次世界大戦後、森林や植物群落にかかわる画期的な論文が数多く生まれている。「*Associations végétales du Vexin Français*（ヴェクサン地方の植物群落）」（ピエール・アロルジュ著、一九二二年）、「*Esai sur la végétation des mares de Fontainebleau*（フォンテーヌブローの沼の

＊略奪経済（Raubwirtschaft）　生産能力の保続性を無視した資源利用。産業革命の溶鉱炉の増加で木材が不足し、天然資源の乱開発が懸念されるようになった一八四〇年代以降のドイツで、カール・リッターやフリードリヒ・ラッツェルらのドイツ人文地理学者が提起した問題。

植生に関する研究)」(マルセル・ドニ著、一九二五年)、「*Essai sur la géographie botanique de l'Auvergne*(オーヴェルニュの植物地理に関する史試論)」(アンドレ・リュケ著、一九二六年)などである。

地中海の植生地図づくりをなし得なかったことにも表れているように、フラオーの活動は、国内では日の目を見ないこともままあった。しかし海外では、ドイツ人文地理学との結びつきにも見られるとおり、研究者のネットワークを取りもつことには成功した。

とりわけ生態学と植物地理学のさまざまな学派を結びつけたのがフラオーで、「植物群落」の定義をめぐりウプサラ学派とモンペリエ学派の論争を孕みながらも、国際的な共通定義を打ち立てたことにも功績があった。

フラオーの切り拓いた分野は「植物社会学」と呼ばれ、一九三五年に彼が他界したあとも、弟子のヨシアス・ブラウン・ブランケやチューリヒ大学のエドゥアルト・リューベルらに受け継がれ、彼らチューリヒ・モンペリエ学派を中心に新たな発展を遂げていった。

対岸の火事だったナチスの自然保護

いつの時代のどこの国でも、環境をもっとも破壊し、資源を消費し尽くすのは戦争である。とくに二度の世界大戦は、フランスの森にも深い爪痕を残した。著しいダメージを負ったのは、ドイツ国境沿いの北東部針葉樹林帯だった。その後再生した森もあったが、二一世紀初頭になってもまだ一九一六年当時の砲弾や榴散弾が残留し、管理不能なままの森もあった。

第二次世界大戦期にドイツではナチスが台頭し、ファシズムと膨張主義政策による侵略戦争や、ユダヤ人迫害をおこなったが、その一方で彼らは自然中心主義を唱え、極端かつ厳格な自然保護政策を進めることになる。

この政策のバックボーンは、一九三五年六月二六日に公布された「帝国自然保護法」にあった。その法律は二七カ条からなる。近代の経済が自然を犠牲にしてきたことへの戒めに立って、保護すべき自然（おもに動植物）の定義、リスト、罰則などを定めたものである。署名欄にはヒトラーのほか、のちの国家元帥ヘルマン・ゲーリングが「帝国森林監督官」として名を連ねている。

前文には「ドイツの植物相は変質した」とある。その理由は「集約的な農業や林業、一面的な耕地整理と針葉樹林の植林」にあったとされている。これにもとづいてナチス政権下では「広葉樹林保護委員会」が発足し、樹齢をおなじくする針葉樹を大量に育てて収穫していくそれまでのドイツ方式を改めようとした。

すでにお気づきかと思うが、これ自体はきわめてまっとうな理論である。並行して進められた有機農業という国策も、化学肥料によって土壌を劣化させることをやめ、動物の糞尿を使った自然農法に立ち戻るというエコロジカルな方法だった。もし高校や大学で、こうした林業や農業のあり方について学生に是非を問われれば、現代の教員なら「正しい」と答えざるを得ないだろう。もちろん行為の主体であったナチスの別の所業を除いての話だが。

しかしそもそも有機農法というものは、食糧供給が安定した国から先に、化学肥料による経済性優先への反省から生まれてくるのが順当だ。カロリー不足の戦時体制下でこのような実験的導入を図るのは、明らかにイデオロギー先行の迷走といえた。

なぜヒトラーは、侵略戦争や非人道的なホロコーストと、このように正論すぎたエコロジー政策を統合できると思ったのか。

じつはここにも樹木が絡んでいる。

当時、アメリカで優生学を提唱していた人物に、法律家で人類学者のマディソン・グラントがいた。彼は『偉大なる人種の消滅（*The Passing of the Great Race or the Racial Basis of European History*）』という本のなかで、北方民族、とりわけアングロサクソンの生物的優越性を唱え、彼自身もそうであるアングロサクソンが民族移動で衰退したり、異民族とまじわって純血が薄れたりすることの危うさを力説していた。またそれにもとづいて、アメリカへの移民を規制する法律の制定を主導したこともある。

この本を読んだヒトラーは、いたく感銘を受けて「わが聖書」とまで呼び、グラントの思想をさっそくヨーロッパでの持論に応用する。すなわちドイツ人の優越性、そして彼らを不当に圧迫しているとヒトラーが考えていたユダヤ人の絶滅である。

一方、こうしてナチスの人種差別政策に根拠を与えることとなったグラントは、環境保護活動家でもあった。当時アメリカの太平洋岸北西部で絶滅の危機にあったセコイア（レッドウッド）の原生林を守るため、グラントはほかの二人の活動家とともに、「セーブ・ザ・レッドウッド・リーグ」という自然保護団体を立ち上げている。

グラントにとっては優生学も生態学も、すぐれて「進化論」との類縁関係に根ざしていたという意味で、同根異種の科学だったに違いない。またこの時代のエコロジーは、保守反動勢力に利用される傾向が強かった。先にふれたエコロジーの命名者でダーウィニズム信奉者だったドイツ人のヘッケルも、ヒトラーにとっては、エコロジーを祖国ドイツの方へと引き寄せる格好の手駒だった。

有機農業の手法であるバイオ・ダイナミクスについて、ヒトラーが助言を仰いだ人物には、オーストリアやドイツで活動したルドルフ・シュタイナーもいた。シュタイナーはみずから創始した「人智学」を教育に応用しようとしていた思想家だったが、ヒトラーからすれば、その神秘学的傾向がヒトラー自身のオカルト趣味を満たしたにすぎなかった。

ヒトラーの思考体系が、その後の研究ですこしずつ解き明かされてきている。彼はみずからの信条にあてはまる思想に出会うと、正当な学説であれ、トンデモ科学であれ、一律に取り込み、社会実験も含めた国家計画のスキームに組み込んでいく。問題は、その実効性に何ら検証プロセスがないことだった。その結果、極端な政策どうしが有機的なつながりをもたぬまま、脈絡なく乱立することとなる。

すべては彼の第三帝国構想に取り込まれていった。

ナチスはこうした一連の全体主義エコロジー政策を「血と土」というスローガンのもとに統合した。「血」とは遺伝的血統を意味するが、同時に動物の血を流さない保護政策も含み、「土」には領土拡張政策と自然農法のダブルミーニングが込められていた。

だが「広葉樹林保護委員会」の取り組みは、戦時下で増加の一途をたどる木材需要に押され、従来の針葉樹林業への妥協を強いられるようになる。ナチスの自然保護は、森林よりも動物の保護に重点があり、針葉樹林の植林を代替するための具体策は何ひとつなく、林業へのコミットも、インフラ整備も、実態は脆弱だった。

いずれにせよ、どんな状況下でも愚直なまでに「適地適木」を固持し、択伐天然更新を続けていたフランスにとって、ナチスが一時の迷走で広葉樹に飛びつこうと、やぶへびに針葉樹を増やすことになろうと、結局は対岸の火事にすぎなかった。

はじめは第一次世界大戦とおなじく、領土拡張のための帝国主義戦争という性格をひきずっていた第二次世界大戦が、やがて「ファシズムに対する民主主義の闘い」という性格に変化する。

すでにフランスでは、全国で対独抗戦のための組織活動、いわゆるレジスタンス運動が立ち上がっていた。

「雑木林」という名の抵抗

一九四〇年、フランスに侵攻したナチスはパリを陥落させ、対独協力政府であるヴィシー政府を成立させた。これに対してあらゆる反独勢力が、通称「マキ」と呼ばれるレジスタンス運動のもとに団結した。そこには徹底抗戦をロンドンから国民に呼びかけたシャルル・ド・ゴール、ヴィシー政府からの任命によるドイツ軍従軍を拒否した若者層、すでにナチスの支配下にあったポーランドやハンガリーなどを脱出してきた難民などがいた。

第二次世界大戦に関して「森」といえば、まず思い出されるのがポーランドの「カチンの森事件*」、次にドイツがフランス侵攻に先立って難なく突破したアルデンヌの森（ベルギー南部）だろう。続く三番手あたりに登場するのが、コルシカの雑木林から名を取ったこの「マキ」で、ゲリラ戦の一種である「パルチザン闘争」などと並んで、第二次世界大戦の戦局を振り返る際のキーワードのひとつとなっている。

マキとはそもそもコルシカ島に自生する灌木林や雑木林のことである。いまではコルシカに限らず、常緑の低木林全般をさしてマキということが多い。

それが戦時中にレジスタンスを意味したのは、まさに本編の初めに述べたように、森が古来、社会的マイノリティを受け入れる避難所の役目を果たしていたからである。このマキにちなんで、レジスタンス運動には「マキる」（prendre le maquis）という隠語が用いられ、レジスタンスの闘士たちは「マキザール」と呼ばれた。いわばマキは、有史以来の広葉樹林とフランス人の絆を象徴する言葉でもあった。

マキには多くの詩人や作家も、地下出版というかたちでかかわっていた。

詩集『フランスの起床ラッパ』[*]のルイ・アラゴン。彼は戦後に出版されたこの詩集に収められてい

＊カチンの森事件　第二次世界大戦中の虐殺事件。ポーランドの将校や警官など二万二〇〇〇〜二万五〇〇〇人がソビエト軍によって射殺された。ソ連は一九三九年にポーランドを侵略・併合していた。

＊『フランスの起床ラッパ』（*La Diane française*）　一九四五年に初版が刊行されたアラゴンの詩集。占領下で書かれた対独抵抗詩を収めた詩集。

る「ストラスブール大学の歌」という詩のなかで、「教えるとは夢を語ること／学ぶとは誠実を胸に刻むこと」という名句を残している。

そしてポール・エリュアールの「ぼくは書く　おまえの名を／自由と」で結ばれる、あまりに有名な詩篇。ロンドンでド・ゴールが結成した亡命政府は、機関紙「自由フランス」にこの詩を掲載し、英国ロイヤル・エアフォースの援軍機からフランス国土にパラシュート投下した。いまでもこのエピソードは、世代を超えて語り継がれている。

このふたりのほか、アンドレ・ブルトン*をはじめとする多くのシュルレアリストと交友関係のあったキーパーソンが、詩人ルネ・シャール*だった。彼の詩のなかには、シュルレアリスムのアナーキズムと、レジスタンスの同胞愛とが共存していた。「晦渋」や「抽象的」などと表層だけで評されることが多く、そのため日本ではあまり知られない彼の詩だが、どんな状況でも真実と向き合うその言語は、若者の参加への意志を強く揺さぶり、レジスタンス活動家たちを勇気づけた。

解放の静かに流れる血は
時計の針を逆回転させ
読み取る暇もなく
愛のねじを巻く

（ルネ・シャール「真実は絶え間なく」）

戦時下の極限状況では、短詩型のアフォリズムや韻文が端的に人々の胸をつく。抑圧に抵抗する男女の精神を高揚させ、団結させ、虚無のどん底から引きずり上げる比類のないエネルギーをもっていた。

「雑木林（マキ）」という名のレジスタンス運動のなかで、詩の一行一行は森の樹木のように立ち上がり、人の心を取り巻いて鼓舞する働きを全うしていた。

一九四四年六月六日。イギリスＢＢＣのラジオ放送は、あらかじめフランスとのあいだで取り決められていた暗号を朗読した。

「秋の日の／ヴィオロンの／ためいきの／身に沁みて／ひたぶるに／うら哀し」

この懐かしく艶めかしいヴェルレーヌの国民的な一節が朗読されるとき、それは連合軍がノルマンディーに上陸したという符牒だった。すでに身を低くしてその時を待っていたレジスタンス軍は、連合軍を迎え撃とうとするナチスに対して一斉蜂起し、ゲリラ戦でドイツ軍の動きを徹底的に撹乱した。

彼らの抵抗の甲斐あって、同年八月二五日にパリは解放された。フランスの人と大地を最後まで

＊アンドレ・ブルトン（André Breton　一八九六－一九六六）　フランスの詩人・作家。一九二四年に『シュルレアリスム宣言』を発表。以来シュルレアリスムの理論化と運動を通じ、つねに中心的存在だった人物。代表作『ナジャ』『狂気の愛』。
＊ルネ・シャール（René Char　一九〇七－一九八八）　フランスの詩人。代表作『武器庫』『ムーラン・プルミエ』『激情と神秘』。

匿（かくま）ったのがマキだった。だが解放直前の八月一四日、オルレアンの森のあるロリス山塊では、レジスタンス戦士四九名が殺害されるという犠牲も出ている。大戦による人間と生態系の被害は、ここでも甚大だった。

余談だが、戦後三〇年あまりを経て流行したシャンソンに、シンガー・ソングライターだったジャック・ブレルの「ジョジョ」という歌がある。第二次世界大戦で戦没したジョジョという親友の墓を訪れ、ワインとタバコで旧交を温め合うという歌詞だ。かつて「土」にナチスが込めた無機質なイデオロギーを悔恨の彼方へ追いやり、ここでの「土」は本来の滋養力をともなって、さりげなく復権している。

六フィートの土の真下で、ジョジョ
おまえはまだ死んでいない
六フィートの土に埋もれて、ジョジョ
おまえはいまも愛されている

（ジャック・ブレル「ジョジョ」）

復興期に生まれた国立公園

「全体主義エコロジー」へのトラウマからか、戦後フランスではしばらく、表立って環境保全をリードする動きや言論が見られなくなった。政治的には、この時期にいたってもエコロジーの担い手は保守勢力であり、「緑の党」も発足当時は保守派で占められ、左派はエコロジーに寄りつかなかった。若き党首ブリス・ラロンドの率いる「環境世代」がフランスで社会主義的なエコロジー政策によって支持を集めたのは、かなりあとの一九八〇年代である。エコロジーは緑の国土を保全するという点では右派の支持を得やすいが、限りある資源を有効利用するという点では、むしろ左派の信条にかなっていた。

「彼らのエコはスイカとおなじだ。見かけはグリーンだが、中身は赤い共産党――」

そう揶揄されたこともある。ブリス・ラロンドは労働時間の短縮でムダな資源消費を減らし、平等社会を実現する方向で地球環境を保全しようと訴えていた。

ともあれ戦後の二〇年間は、経済復興が自然保護よりも優先された。どの国も経済復興に政策の重点を置き、環境容量にはまったく無頓着な経済発展が続いた。

一部ではこれを「楽観主義管理の陰謀」と呼ぶ。まだ汚染者負担の原則もなく、有害化学物質で河川や海は汚染され、空にもかつてのスモッグとは化学組成のまったく違う大気汚染物質が工場から吐き出されていた。ドイツでは「黒い森」*の半分が酸性雨によって死滅しかけた。大気汚染は越境移動するものなので、責任の所在はフランスにもあるだろう。フランスの森林保有率は、この時期ふたた

＊黒い森　ドイツ南西部のバーデン地方にあるシュヴァルツヴァルトの森の直訳。「黒い森」の名は、ドイツトウヒが密集した暗い森であることに由来。

び目減りしている。

ただそんななかで、自然保護についても本格的な動きが見られた。一九六〇年以来、各地に国立公園が設立されるようになったのである。二〇二四年現在、フランスには一一カ所の国立公園がある。

フランスの国立公園は、いわゆる「制限型自然公園」で、厳正な自然保護対象となる「主要ゾーン」と、自治体の持続可能な開発の対象となる周縁部の「メンバーシップエリア」に分けられている。国立公園に指定されることで、主要ゾーンの森林は恒久的に保護の対象となり、国立公園憲章で規制の条件と措置が定められる。メンバーシップエリアには特定の規制はなく、地域社会で森林を活用しながら守っていくこととなっている。

以下ではまず、フランス本土の国立公園八カ所をざっと見てみたい。国立公園は本土の南半分に集中しており、アルプス、ピレネー、地中海といった自然国境に沿っている。第I編で述べた国有林と一部重なるところもある。各公園の特色は、地政学的な性質と野生生物種にあり、公園内で営まれている経済活動のタイプもそれぞれ異なっている。

ヴァノワーズ国立公園

一九六三年に国立公園に指定された。イタリア国境に面し、毎年約七五万人が訪れる。面積は五万三四〇〇ヘクタールで、ブクタンと呼ばれる野生ヤギや、中央部に生息するカモシカの保護で知られている。またフランス国内にある四三〇〇種の植物のうち、二〇八〇種がこの公園を含むサヴォワ県に集まっている（図23）。ヴァノワーズは開発と荒廃から国土を守るためにフランスで最初にできた

図 23　ヴァノワーズ国立公園
樹木も草花も豊富で、計 2,080 種がこの地域に見られる。

自然公園で、一九六九年の冬季スポーツ施設建設計画や、一九八四年の登山道敷設計画がもちあがったとき、自然保護団体を中心とする署名運動がそれを阻止したことでも知られる。

エクラン国立公園

フランス本土最大の国立公園。面積は一七万ヘクタールを上回るほど広い。人口密度は、周縁部でも一平方キロあたり一四人とすくなく、土地私有率も三パーセントともっとも低い。のちに周囲を取り巻く六カ所の自然公園が誕生したのも、そうした事情に負うところが大きい。中心部は三万三九〇〇ヘクタールがイゼール渓谷に、五万七九〇〇ヘクタールがアルプス高地に属する。高地の落葉針葉樹林帯には、樹高四〇メートル、樹齢三〇〇～四〇〇〇年というカラマツ類もある。

ピレネー国立公園

ピレネー高地と地中海ピレネーの両地域に属する。周縁部では八六のコミューンに三四万人の居住者がいる。ヒツジ、ウシ、ウマの放牧がこの地方の代表的な産業で、生態系保全のためにも牧畜を推奨しようという動きがある。ユキノシタ、アオアザミ、ラモンディア（ピレネーバイオレット）などの高山植物で知られ、樹林帯としては高度八〇〇～一五〇〇メートルに見られるブナ＝モミ帯がピレネーの代表的な林相を形成している。ヒグマ、オオヤマネコ、ピレネーカモシカといった野生動物は、厳正な保護の対象である。

セヴェンヌ国立公園

公園指定区域の居住人口が、フランスの国立公園のなかでもっとも多い。中心部に五九、周縁部に一二二のコミューンがあるが、一平方キロあたり一〇〇人という人口密度は、絶対王朝期に国外追放をまぬがれたプロテスタントがここに定住した名残である。二〇万ヘクタール以上にわたって植林されたクリ林と、強い石灰質の土壌をもつ高原で知られる。生態系保護と人間居住がバランスを保つ好例とされる。

ポール・クロ国立公園

地中海にあるフランス最小の国立公園。プロヴァンスのジアン半島からやや離れた二島と、周辺の海域九〇〇ヘクタールが指定区域に含まれる。地中海生態系の縮図といわれ、地上には雑木林のマキが、水中には豊富な海藻の繁殖地と魚介類の産卵場が見られる。農業試験場としても活用されている。

メルカントゥール国立公園

一九七九年に国立公園に指定された。地中海とアルプスの両地域にまたがり、面積は中心部で六万八五〇〇ヘクタール、周縁部では一四万五〇〇〇ヘクタール。ヒツジ、モルモット、テン、カモシカなどの野生動物や、ボレオン峡谷沿いの二〇〇〇種を超える高山植物などが見られる。学術目的の保護に重点が置かれている（図24）。

図24　メルカントゥール国立公園
園内に生息する野生動物たちへの餌やりを禁止する立て札。

カランク国立公園

地中海沿いにあり、「岩に囲まれた入江」に名が由来する国立公園。石灰岩の断崖になっている入江の岸壁から、壮大な景観が見られる。緑地はマルセイユ周辺の軽く整備された森林で、樹種はアーモンドやコルクガシといった地中海式気候の適応種が多い。南仏特有の強烈な季

図25　カランク国立公園
森には地中海式気候の適応種、アーモンドやコルクガシが見られる。

節風「ミストラル」が吹く。岸壁はロッククライミングのようなスポーツでも人気の場所だ（図25）。

フォレ国立公園

シャンパーニュとブルゴーニュにまたがる広大な森林地帯。二〇一九年に国立公園の指定を受けた。オーク、ブナ、モミ、ダグラスファーなどの多様な樹種が混交しており、森林景観や野生動物のウォッチャーだけでなく、ハイカーやトレッカーにも人気がある。またフォントネイ修道院やヴェズレイのサント・マドレーヌ・バジリカ大聖堂といった文化遺産でも知られる。

加えて、海外にも国立公園がある。フランスはヨーロッパの外部に合計一三カ所の海外県・海外領（通称DOM‐TOM）を領する。このうち海外県は、グアドループ、マルティニーク、仏領ギアナ、レユニオン、マヨットの五カ所。海外準県は、仏領ポリネシア、サン＝ピエール島・ミクロン島、ウォリス・フツナ、サン＝マルタン島、サン＝バルテルミー島の五カ所。海外領邦や海外領土としては、ニューカレドニアやクリッパートン島などがある。

以下の三カ所は、そのうちの海外県に属する国立公園である。

グアドループ国立公園

一九八九年、グアドループ県にDOM‐TOMで初めて指定された国立公園。西インド諸島を構成するリーワード諸島の一角。西側のバス・テール島と東側のグラン・テール島が狭い水路でつながり、羽をひろげた蝶によくたとえられる。島の自然は、環礁（ラグーン）の多彩をきわめる水生生物がもっとも注目されているが、森林資源も豊かで、中央には広葉樹の密集した熱帯雨林が広がり、北部にはラムサール条約登録地のマングローブや淡水湿地林がある。その森に暮らすグアドループキツツキ、カッショクペリカン、アンティルカオジロヘラコウモリをはじめ、稀少な鳥類も多い。サトウキビとバナナの栽培、それに観光業がおもな産業である。

ギアナ・アマゾン国立公園

仏領ギアナの国立公園。アマゾンのギアナ高地にひろがり、国立公園としてはフランス最大の面積がある（三三九万ヘクタール）。ケッペンの気候区分*でAm（熱帯季節風気候または熱帯雨林気候）にあたるこの地域は、一二〇〇の樹種を数える広大な樹林を抱え、サガリバナ科の樹種がもっとも多い。サガリバナは羽毛状の花房が垂れ下がる熱帯樹種で、日本の熱帯・亜熱帯地域にもその群生が見られる。ほかにクスノキ科、スギ科、カンラン科、マメ科、アカテツ科の樹種も豊富だ。動物相も、九〇種の両生類、一三三種の爬虫類、五二〇種の鳥類、一八二種の哺乳類と多彩をきわめる。脱獄作家として知られるアンリ・シャリエールの自伝小説を映画化した作品「パピヨン」の舞台は、ここ仏領ギアナの流刑地ディアブル島だった。

レユニオン国立公園

インド洋で赤道の南に位置するレユニオン島に、二〇〇七年に指定された国立公園。島の表面積の四二パーセントをこの国立公園が占める。ピトン・ド・ラ・フルネーズという火山があり、鉱物と植物の多様性や、激しい気温差のある高地森林で知られる。この島に固有の樹種は「タマラン・デ・オー」(Tamarin des Hauts)というアカシア科の広葉樹である。また神聖ローマ帝国のフリードリヒ二世が建てた「サンスーシ宮殿」とおなじ「憂いなき」の意味をもつ「サンスーシの森」では、キアテアレスという大きな木生シダが熱帯特有の景観を呈する。インド洋の島々はおしなべてアロマエッセンスの宝庫だが、ここレユニオン国立公園にもボア・ド・サントゥール・ブラン(白い香りの木)をはじめとして、樹皮や花から精油が採れる植物が豊富に存在する。

以上が本土と海外県・海外領を合わせて一一カ所の国立公園である。

さらに行政による自然保護の動きとは別に、当時の民間、とくに若者のあいだで高まった動きに「大地へ帰れ運動」があった。

これは一九六八年にパリ大学の学生を中心とする教育政策への抗議活動が暴動化した「パリ五月革命」をきっかけに起こった。その後、世界へ広がったカウンターカルチャーの動きのひとつである。若者たちが農村に生活共同体をつくり、農業や手工業などにいそしむ「コミューン運動」のスタイルを取っていた。

といっても、自然保護活動としてではなく、いってみれば管理社会からの個人の内面の解放をめざしたものだった。農村に入っていった若者たちが、森林や生物多様性の保全に尽くしたかといえば、特段そういった事例があるわけではない。とはいえ、新しい価値観や生き方へと向かう若い世代から発信された意識変化が、旧来のトラウマを断ち、続く一九七〇年代の世界的なエコロジカル・ムーブメントへの呼び水となったことは確かである。

なお、この種の反都市化やユートピア的自然回帰は、忘れた頃に息を吹き返すという性質をもっている。二〇〇〇年代に起こった「エコヴィレッジ*」や「エコハウジング」などの動きも、「大地へ帰

＊ケッペンの気候区分　ドイツの気候学者ウラジミール・ペーター・ケッペンが考案した植生にもとづく気候区分。A（熱帯）、B（乾燥帯）、C（温帯）、D（冷帯）、E（寒帯）の五つの気候帯からなり、各気候帯にはさらに細かい分類がある。たとえば熱帯の場合「熱帯雨林気候（Af）」「熱帯季節風気候または熱帯雨林気候（Am）」「サバナ気候（Aw）」に分類される。

れ運動」と通底する理念にもとづくものだった。

放置林への打開策——広葉樹で良材を育てる

広葉樹の低林と、針葉樹の高林を組み合わせた複層林の活用は、戦後も続いていた。

しかし時代を追うごとに、低林の非経済性が大きな問題になってきた。いくら石油ヒーターでは代替できない、暖炉と熾火(おきび)の魅惑的な伝統がフランスにあるといっても、化石燃料にくらべて熱効率の悪い薪炭を一五〜二五年もかけて生産するのは採算性が低く、次第に低林の施業不足におちいっていった。ナラ、ブナ、ポプラなどが弱々しく伸びたいわゆる「モヤシ林」が、フランス各地で放置されることもめずらしくなくなってきた。

そこで一九八〇年代に提唱されたのが、幹の太い高木広葉樹を育て、産業面でも良質の木材を生産することだった。つまり、建材や家具材などに用いる「広葉樹大径材」の増産である。

経済計算上、ナラやトネリコなどの広葉樹を高価な用材として育てた場合、一ヘクタールあたり年間二〜六立方メートル分の資本が蓄積されていくことになる。ここでも、いっそ針葉樹林業に転向するということはせず、むしろ広葉樹へのこだわりをつらぬくところがフランスらしい。

ただし「広葉樹林業の拡大」とひとことでいうのはたやすいが、これはきわめてチャレンジングな取り組みだった。いってみれば、従来は針葉樹でまかなわれてきた林業経営に広葉樹で乗り出そうとするような、大胆なブレイクスルーである（図26）。

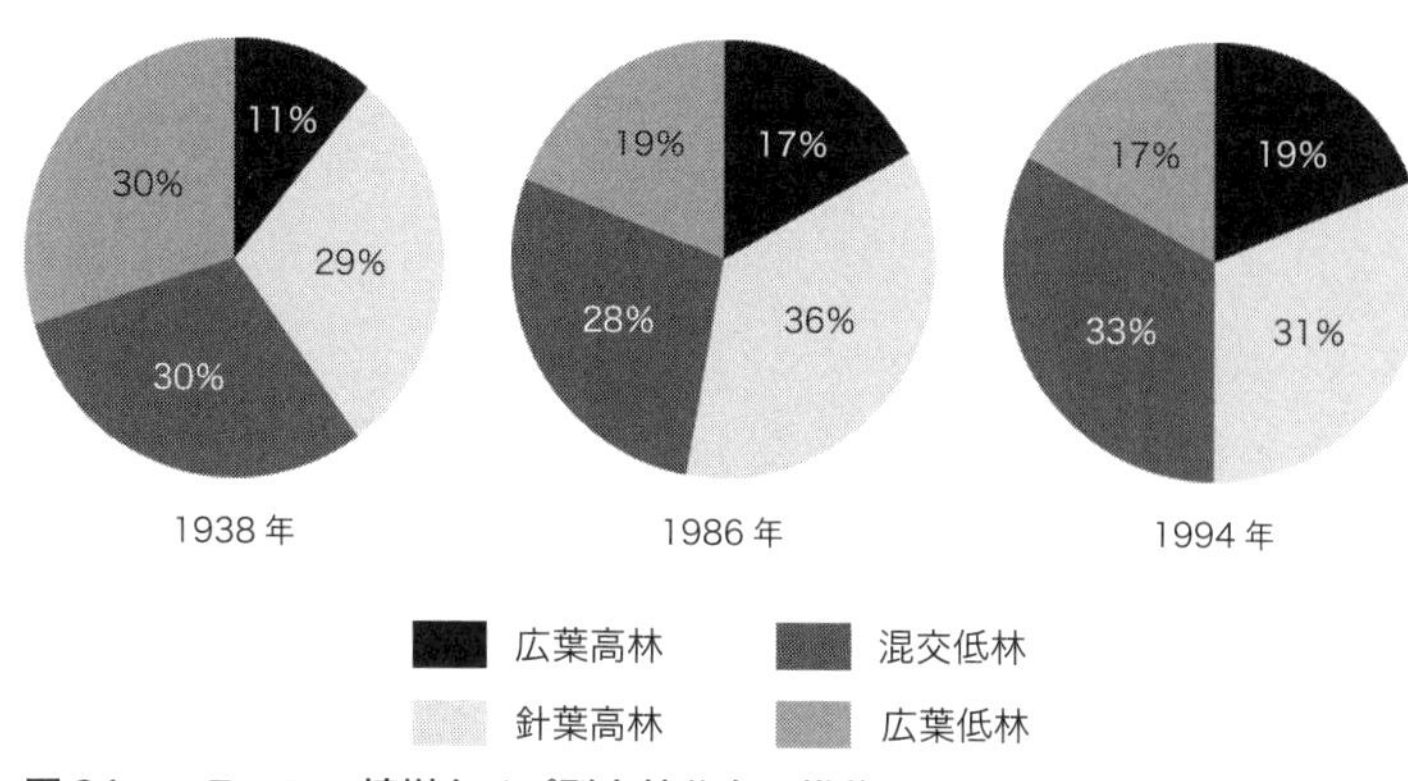

図26　フランスの植樹タイプ別森林分布の推移
1980年代に始まった広葉樹大径材の増産計画により、広葉高林が増加している。

作業はおもに『*Cultiver les arbres feuillus pour récolter du bois de qualité*（良質木材収穫のための広葉樹育成）』というガイドブックに従っておこなわれた。低林には、形質的に優れた有望株からなる林分がある。このうち、林床への直射日光を遮蔽できる程度に林冠が完全に葉で覆われること、すなわち鬱閉が見込めるものを選び、高林に育つよう導いていく。また林冠の鬱閉度がすくなく、天然更新が見込めない低林の場合は、段階的に伐採をおこなって、高林への転換に適した林分を準備していくようにする。

これは途中の経過を見れば、「中林」の育成とおなじ発想である。違いはその目的が木材生産にあるのか、森林環境の保全にあるのかという点に尽きる。

高林の一斉林へと育った広葉樹は、その下の低林が十分な林冠の鬱閉度を期待できるようになってから伐採さ

＊**エコヴィレッジ**　持続可能な暮らしを念頭に置いてデザインされた小規模な地域コミュニティ。

れる。計画は長期に及ぶが、薪としての収穫作業をおこなわない分、コストは抑えられる。また植栽直後の苗のダメージにつながりやすい気象影響、病虫害、獣害なども緩和できる。良質で高価な木材の生産に重点が置かれた措置なので、収益性も高く、最低三〇立方メートルの木質が一カ所に集中する林分を育成することができるのだった。

この広葉樹大径材の増産はフランスの国策だったため、補助金や投資信託が利用でき、零細な私有林の林業経営にもじわじわと根づいていった。

成果が表れたのは三〇年後だった。東部山脈にも北西部の平地にも、意図したとおりの広葉樹の高林が育っている。「非生産性」という平地低林の悩みを抱えやすかったフランスは、戦後の森林荒廃を独自のやり方で克服し、森林率も二五パーセントまで回復していた。

一九九八年、ジャン・ルイ・ビアンコ元大臣による「ビアンコ報告書」が発表され、森林法典改正を前提とする林政改革案が華々しく打ち出されたのも、こうした地道な取り組みの成果が土台にあったことによるのである。

EUとはつかず離れず——フランスの農林政策

ところでこの「ビアンコ報告書」では、フランスの森林に想定される将来の方向性として、国立農学研究所（ＩＮＲＡ）による四つのシナリオ*が紹介されていた。それぞれをひとことで要約すれば、「現状維持」「森と林業の統合」「森林環境整備」「生産性特化」となる。

このうち二番目と三番目はともにサスティナブル路線だが、四番目は経済優先路線である。この報告書には「フランスにとってのひとつのチャンス」と副題が添えられていて、伐採拡大のための助成金の充実や、雇用見通しなども述べられている。要は生産性重視から生態系重視へと一気に揺り戻されつつあった林業のバランシングを冷静に見つめ直し、「新持続可能主義」ともいうべき現実的な林業経営と、それにもとづく健全な森林利用を打ち出したもので、その後のフランスの林政にも影響を与えた報告書だった。

このしばらく前の一九九五年、オーストリア、フィンランド、スウェーデンがEUの新たな加盟国となった。三国とも森林大国である。EUの森林面積をじつに二倍近くまで押し上げたこの出来事をきっかけに、欧州議会では林業転換の議論が一層さかんになった。

EUは世界で輸出される丸太材の一二パーセントを輸入し、当時の日本に次いで世界第二位の熱帯木材消費国となっていた。また横浜に本部のある国際熱帯木材機関（ITTO）では、投票権の三三パーセントを占める主要グループがEUだった。さらに森林分野で年間六億ECU*を直接・間接に投資する、林業国際協力の主要な担い手であった。

---

*四つのシナリオ　「*La forêt—une chance pour la France*（森林——フランスにとってのひとつのチャンス）」（一九九八年、フランス政府発行）より。

*ECU（European Currency Unit）　欧州通貨単位。実際の通貨ではなく、欧州通貨制度のもとで導入された、参加国通貨の加重平均をとった通貨バスケット単位。ユーロへの移行期にあたる一九七九〜九八年に使用。

欧州議会がその時期に発表した報告書「ヨーロッパの森林[*]」には、次のように書かれている。

「第二次世界大戦後、森林の成長量は大幅に増大した。近年では、大気中の二酸化炭素増加によって光合成が促進された結果、バイオマスの備蓄が著しくなった。ヨーロッパにおける森林の年間増大量は、木材収穫量をはるかに上回り、その差は着実に拡がっている。こうした開きは、伐採に関する規制の強化にともなって、最終的にはヨーロッパの森林が著しく老化する原因となるかも知れない」

「森林について法的拘束力のある制度を検討するタイミングと手法が一九九七年に確定すると、議論は政府開発援助の伸長や極度の貧困との闘いといった、林業セクターではいまだ耳慣れない問題に結びついていった。これはある意味で、森林を人質や見世物とするような（森林保全のための資金援助を南北間協議のカードとして扱うような）問題であり、技術面よりも戦略面の林業の位置づけを反映したものだった」

やや論点の飛躍も見られるが、ともかくここで危惧されているのは、森林の施業管理不足と木材生産の停滞だった。

これを裏づけるように、一九九七年の欧州議会資料「ヨーロッパ森林状況報告書」でも、森林バイオマスの増加とは裏腹に、森林の「生体持続力」（vitality）は落ち込んでいるとされた。これは国際標準の一六×一六キログリッド[*]を使っておこなった森林調査で、当時のＥＵ加盟国における三三七〇カ所の観測地点から選んだ七万二〇〇〇本の木の樹幹を調べて得た結果だった。森の活力が落ちている原因は、土壌の酸性成分の増加や、樹木の内部の栄養の偏りなどにあるとされた。

つまるところ、林業本来の森林保全機能に目が届きにくくなっていた。それは森林面積拡大への帳尻合わせに国際社会が奔走し、世界的な関心が商業伐採規制に偏りすぎた結果でもあった。このため、林業の置かれた状況には閉塞感がつのっていた。

こうした危機感を込めた論調は、欧州会議参加国のうちでもとりわけフランスによる主張だった。「伐って守ろう」の主張は、とりもなおさず「ビアンコ報告書」の基調をなしていたからである。そしてこれはすでに見た「広葉樹で良材を育てる」という路線にも一致していた。

だがフランスは、このように自国のポリシーを通せる部分では主導的に動くが、基本的に林業や農業については、ＥＵとつかず離れずの距離感を保ってきた。これはＥＵの前身だったＥＣ（欧州共同体）、さらにその前身だったＥＥＣ（欧州経済共同体）の時代からの、長いいわくつきの部分でもある。

政界を一時退いていたド・ゴールが、フランス大統領に就任した一九五九年、ＥＥＣの最重点政策はヨーロッパの関税同盟と共通農業政策だった。農業は欧州域内でも生産性に格差が見られる産業だが、林業はなおさらである。ＥＥＣでは域外からの農林産物の輸入に関税をかけ、それを共通財源にあてるとともに、域内の農林産物価格水準を決めようとしていた。

＊「ヨーロッパの森林」 欧州議会報告書「European Forests（ヨーロッパの森林）」（欧州議会発行）より。
＊グリッド 森林管理や考古学発掘の現場に適用される方眼図。

時の委員長は、ヴァルター・ハルシュタインという辣腕の欧州統合主義者。彼が議決に持ち込もうとする関税同盟や農林産物価格統一に対して、激しく噛みついたのがド・ゴールだった。

農業国フランスのリーダーとして、農家の利益を第一に考える立場にあるのは当然のことだった。だがド・ゴールが決して譲らなかった原因は、ハルシュタインが議決方法を「全会一致」から「多数決」に変えたことにあった。反対投票が必ずしも決議に反映されない多数決によって、自分の支持母体である農林業従事者が統合組織の圧力によって押し切られることになるのを、ド・ゴールは容認できなかった。

ここでもまたフランスは、ローマ帝国の属州だった遠いガロ・ロマン時代とおなじく、同調圧力に抗し、自国の資源と利益を守る「ナショナリズム」を発揮する。そしてその後のEUでは、国民の記憶の彼方にあった大物政治家がまたひとり、舵取り役として乗り込んでくる。

ジスカール・デスタン元大統領である。

デスタン元大統領は、新たな「欧州憲法条約」を成立させようとした。ただし国民投票による批准にいたらなかったことで、これは「幻の条約」としてEU史の一ページに記されることとなった。

フランスは、ドイツと並んでEUを牽引する立場にあるが、こと農業・林業のように自国のこだわりが強い分野ではナショナリズムを発揮し、急進的な統合主義としばしば対立する。

林業では、国内で流通する輸入木材にFFNを通じて独自に税金を課し、それを財源とする公有林の育林がおこなわれていた。EUはこれに異を唱え、その後フランスが一九九一年に税制を改革してからも改善要求を続けた。

こうした対立の背景には、フランス国内での社会的分断も見られる。富裕層と貧困層、自由貿易主義者と保護貿易主義者、グローバリストとナショナリストなどの対立である。

その意味でも農地や林地は、民主化以前の時代だけでなく現在にいたるまで、ヨーロッパ社会における利害衝突、社会矛盾、経済格差などを象徴する舞台であり続けている。

モンマルトルの樹木争議

話がヨーロッパ規模になってきたが、ここで街角のエピソードをひとつ挿入したい。

パリの緑化といえば、「並木道（プロムナード）」の呼び名を世界に広めたマロニエやプラタナスが思い浮かぶ。先に紹介した一八世紀の博物学者ビュフォンも、この並木道の街路樹をパリに普及させた先駆者のひとりである。彼はモンバールでの森林研究にヒントを得て、パリの主要な通りの両脇にプラタナスやニレやボダイジュを植えていった。街路の木々はカフェと並んで、市民の日常風景になっていった。

これとは逆に、都市の区画整備のために樹木が伐られる場合、二〇世紀後半までは明確な法的基盤がなかった。いまなら街路樹や公園緑地の木については、伐採してもいいかどうかを第三者機関に諮問するなど、自治体それぞれの対策を取ることができる。これは一九七〇年代以降、環境保全が世界的な動きとして拡がったことによる所産だった。

パリ市では一九九〇年代初頭に、「樹木科学委員会」を立ち上げている。当時の市長は、のちの大統領ジャック・シラク。この委員会発足にいたるまでには、ヴァンセンヌやモンマルトルで市民の

「樹木争議」と呼ばれた次のような争いがあった。

一九八九年九月、パリ市は一二区のヴァンセンヌの森で大量のオーク伐採を敢行した。理由はオークに「病害が拡がったため」とされた。その後、オークから伐り出した玉切材が違法に販売されたが、市当局はこの事実を知らされていなかった。

翌九〇年八月の早朝五時、伐採業者の集団が一八区にあるビュット・モンマルトルの緑地へ入っていった。それを目撃したのは、いつものように遊歩道でペタンク*を楽しもうと集まっていた早起きの中高齢者たちだ。緑地の樹木は、地下駐車場を建設するという市の決定で伐採されることになっていた。これを知ったペタンク仲間やモンマルトルの住民たちは、ヴァンセンヌの一件がまだ片づいていなかったこともあり、市に対して伐採を即刻やめるよう抗議した。

市の評議員やほかの反対者たちもこれに合流した。その結果、区民に親しまれる緑地は伐採をまぬがれた。地下に四〇〇台の駐車スペースを建設する市の計画も、見直されることになった。

このときシラク市長の掛け声で設立されたのが、「樹木科学委員会」である。その目的は「市の遺産である植物のクオリティを評定し、当該建設工事が資する公共の利益に鑑みて伐採すべきかどうかを決定する」というものだった。

こうした市民と行政の対立、あるいは市民と市民のあいだの対立は、一九八〇～九〇年代にアメリカ（木材紛争〔ティンバーウォー〕）やカナダ（森林闘争〔ウォーインザウッド〕）でも起こっている。二〇二三年、東京の神宮外苑でも樹木一〇〇〇本の伐採に反対する署名運動がおこなわれた。議会を通過した議案にもとづいた決定であっても、予測不能の理由で生態系に影響を及ぼす恐れがあれば、つねにその合意形成を科学的・産業的・環境的に見直す必要がある。

樹木をめぐる市民と行政の意見調整を、地域の外の声も十分に取り入れて図るべきことはいうまでもない。すでに森林破壊の教訓と再生への多大な労苦を知る人類にとって、木がそもそも人間の自由意思にもとづいて伐れるものではないことを認識すべきときだろう。

二〇世紀最悪のサイクロン、そして森林法典改正へ

一九九九年一二月、連続する二つのサイクロンがフランスを襲った。「ロタール」と「マルタン」である。ロタールはおもにフランス北部を、マルタンはおもに中部を襲い、被害はロレーヌ、アキテーヌ、シャンパーニュ＝アルデンヌ、リムーザン、ポワトゥー＝シャラントをはじめとして、全国規模で拡がった。損失額はロタールだけでも一五〇億ユーロ以上に達し、二〇世紀のヨーロッパで最悪のサイクロンによる被害となった（図27）。

森林の被害は材積計算で一億三九五八万立方メートル。これは年間の成長量とくらべても、木材生産量とくらべても、ともにおよそ三倍にあたる。とくに良質のオークを豊富に抱える国有林の損失が甚大で、戦後まもなく植林して収穫期を迎えていた森が大きな痛手を受けたため、国立森林局（ON

＊ペタンク　フランスの球技。金属球を投げたり転がしたりして、ビュット（目標球）との近さで勝敗を競うスポーツ。

図27　サイクロンのロタールとマルタンによる直接被害
フランスでは20世紀最大の暴風雨となった。写真はモールパ（イル＝ド＝フランス地域圏）での落葉広葉樹林の倒木。

Ｆ）による国有林経営は立ちゆかない事態となった。
　この年、フランスはＦＦＮの財源だった特別課税制度の廃止を決めていたが、さらに二〇〇一年にはロタールとマルタンによる風倒被害の教訓も踏まえ、森林法典を改正した。これは森林の方向性を根本的に見直すもので、天然更新と造成高木林、ＯＮＦの木材販売方式、森林火災の防止、伐採の監視と森林の復元義務、再生森林生産物の商品化などの条項を含み、木材増産を柱としながら森林保全を強化するものだった。

　また同年に「木材・建築・環境憲章」を定め、気候変動対策として建築用材にカーボンニュートラルな木材の使用割合を二五パーセント増やしている。その他、民有林の所有者が森林保全のための公的義務を果たし、その見返りに助成金を受けるといった内容を含む「国土森林憲章」の制定や、ＦＦＮの廃止と新体制の創設などもこの時期におこなわれている。

ＥＵでもこれに先立ち、「アジェンダ二〇〇〇」（一九九七年）でＥＵ共通の農村開発政策をめざした。「欧州連合の林業戦略に関する決議」（一九九八年）では、ＥＵの林業共通戦略を打ち出した。森林にかかわる政策の内容は各加盟国の裁量に委ねつつも、ＥＵは森林の持続的管理と多目的機能に対して提言をおこなうことになった。

これに対してフランスは、木材生産に森林資源を活用するという「ビアンコ報告書」の基本提案にしたがい、二〇〇四年に国家森林プログラムの立案に着手した。これにもとづいて六〇〇万ヘクタールの造林をおこなったが、これは大部分が一九九九年のサイクロンによる倒木被害地が対象だった。

二〇二一年、ＥＵは炭素排出量を二〇三〇年までに五五パーセント削減することを政策パッケージにまとめた「Fit for 55」[*]の一環として、「ＥＵ森林戦略二〇三〇」を策定した。ここでは、木材生産性と生態系保護を両立させるコンセプトとして、「持続可能な森林バイオエコノミー」というテーゼが表れている。

これはひとことで表すと、「木材供給と生態系保全を両立させる」というものだ。これによって木材は、長寿命と短寿命という観点から区別される。長寿命の木材は建築や家具といった長く使えるも

＊**Fit for 55**　「二〇三〇年までに温室効果ガスの排出量をすくなくとも五五パーセント削減する」という目標を実現するため、ＥＵの法律を改正し新たな枠組みを導入するというＥＵの政策パッケージ。

のに利用し、エネルギー供給用には製材工場での残渣や、再利用済みの木材といった三次的木質バイオマスだけを利用することになっている。

また、森林の保護・回復・拡大に向けた取り組みとしては、「混交林の造成、広葉樹種の活用、皆伐の抑制、根株の保護」がある。いずれも本編で見てきたような、森林再生の長い歴史を通じてフランスが獲得してきたノウハウである。

さらに、非木材製品で生み出される価値は、EU全体で年間一九五億ユーロと推定される。このなかには、コルク（世界生産量の八割）、キノコ、果実、種子、根茎、ハチミツなどが含まれる。またエコツーリズムもここに含まれ、二〇二〇年一月からの数年間はコロナ・パンデミックの厳しい波風を受けたものの、その後回復に転じ、森林の付加価値と地域経済への恩恵をもたらしている。

こうしてフランスもEUも、いまは林業転換の真っ只中にある。改革のボトムライン「木材供給と生態系保全の両立」に向けて、森林の公益的機能を経済価値に換算することは難しいと思われがちである。しかしヨーロッパの人々が貴族のための狩猟場や、薪を採るための入会地と位置づけて古くから森を守ってきたのも、こうした経済外価値を内部化するアプローチだった。環境と共生する時代を迎え、生態系サービスを「スターン・レビュー」*のような報告書が経済的な価値に換算してきたことは、いわばその次の段階だった。

だとすれば、それに続く三・〇のアプローチはすでに決まっている。

森林機能の包括的なサポートと保全。またそれが生態系の受益者である人間にとって不可欠の管理義務だという根本認識を、行動で示すことだ。

新しい森林レジームの時代

二〇二三年末、フランスの森林は国土の約三二パーセントまで回復した。国土の大半を覆っていた森林が一〇パーセント台まで落ち込んだ時代から、およそ一〇〇〇年かけて採算性も高めつつ再生されてきた森である。ゆるやかな変化のように見えるが、大戦の激動期も経てきたことを思えば、それは長足の復興プロセスといえる。

そんな頑固さと柔軟さには、「不撓（ふとう）不屈の楽観主義（オプティミスム）」というアラン*の言葉があてはまるだろう。フランス語のオプティミスムは、もともと「楽観主義」と「最適化」の両方の意味を併せもつ言葉だ。

次々と不測の事態にぶつかり、たっぷりと紆余曲折しながら歩んできたフランス林業だったが、苦境にあっても焦らず、あきらめず、マイペースで森林を再生してきた。結果的にはそれが臨機応変な対応を生み、地理・気候・政治・経済・文化・民族など、あらゆる要件に差配した全体最適の森を生み出している。つまりモザイク地形の国土や、炉のある暮らしや、水系の確保や、採算性と保全の両

＊スターン・レビュー　英国政府がニコラス・スターン元世界銀行上級副総裁に作成を依頼し、二〇〇六年に発表された気候変動問題の経済影響に関する報告書。気候変動問題について早期に対策を講じなかった場合、リスクと費用の総額は世界の年間GDPの五パーセント強に達することを示した。

＊アラン（Alain 一八六八－一九五一）　フランスの哲学者。主著『幸福論』。

立や、気候変動対策や、生物多様性維持といったいくつもの条件をクリアしながら、「われわれにとって何が自然か？」を模索してきたのがその林業である。

では国際的な視点から見たフランス林業は今後、どう展開すべきだろうか。

近代が旧体制（アンシャン・レジーム）を脱するところから始まったように、現代は「新しい森林レジーム」を必要としている。つまり人間社会のニーズによって改変された自然ではなく、それぞれの土地の潜在自然植生や風土に立ち返り、できるかぎり本来の生態系に近い森を取り戻すことが、世界的にも林業の課題といえる。この再生に向けた営みこそ、新しい森林レジームの構築につながる。またそうしていかなければ、荒廃していく森もある。

適地適木を徹底し、地方分権改革も導入しながら「自然を模倣する林業」を実現してきたフランスは、その営みに先鞭をつけたといっていい。

ただしこれまでにも見てきたように、そこにはまだまだ課題や障壁も多い。およそ自然を相手にする産業は、どのセクターもこのような閉塞状況に直面し、トレードオフの問題に対処し続けている。そしてフランス林業の場合、そんな悪戦苦闘のなかから見いだされた強みのひとつが、豊富な広葉樹林を生かす知と技だったのである。

今後はそれぞれの国の林業が、このように明確なコア・コンピテンシーを独自の取り組みで模索していくべき時代だろう。

ところで草花のなかには、「雑草」という人間本位の名で呼ばれる野草種がある。

同様に、樹木のなかでも「雑木（ぞうき）」は、産業用材ではない木にあてがわれたカテゴリーである。これはいまのところ広葉樹ということになっている。

だが産業用材のすくない樹林は、自然生態系に近い森でもある。この身近でなじみ深く、絵になる「雑木」に、いわくいいがたい関心を惹きつけられ、そこに林政改革の膨大なエネルギーを注ぎ込んできた国がフランスだった。息の長いその取り組みは、今後も継続されていくことになる。これまでどおり、不撓不屈の楽観主義で。

「雑草魂（ざっそうだましい）」ならぬ「雑木魂（ぞうきだましい）」は、いまもガリアの地に根を張っている。

Ⅲ

ユーラシアの東と西で

—森と林業の日仏比較—

「弓」と「盾」

南北に細長くつらなる弓状列島、日本。

六角形をした国土が、しばしば盾にたとえられるフランス。

ヨーロッパ＋アジア＝ユーラシア。この大陸の東と西の果てで、森はどんな違った様子を見せてきただろうか。

いきなり「ユーラシアの両端」といわれても、すこし違和感があるかも知れない。そもそも日本は大陸と地続きではない。日本の対極というなら、極西でおなじく島国のイングランドやアイルランドの方がふさわしい。またフランスの対極というのなら、東の大陸国である中国の方がこれにあてはまるだろう。

しかしここでは「両端」というのを、すこしだけ多義的にとらえていただきたい。フランスと日本は、大陸国と島国の違いや、狩猟文化と農耕文化の差も含めて「両極端」の関係にある。異なる地形や風土や国家体制で異なる歩みをしてきたかと思えば、じつに意外な共通点もある。

そこに目を向けることで、さらに大きな比較考察のポイントも見えてくる。

というわけで、この「弓」と「盾」を比較してみたい。もちろん、森づくりの視点から。大きなテーマだが、以下ダイジェストで見ていこう。

山河の森、平原の森

まずは地形（地勢）だが、環太平洋火山帯に属する日本は、周知のとおり火山活動でできた山国だ。列島の中心を脊梁山脈がつらぬいている。一五度以上の勾配をもつ国土が総面積の七五パーセントを占め、標高二〇〇〇メートルを超す山岳が二五六カ所もある。国土面積の四分の一しかない平地はたいがい沿岸部にあるため、ウォータースライダーのように急峻な地勢となっている。

平地に樹林がすくないので、日本では「森」というと山林をさすことが多い。

ちなみに第Ⅱ編で述べたフランスの「森林異界観」に対して、日本には「山中他界観」がある。これは山の神が春に里へ降りてきて、夏のあいだ稲作の無事を見守る田の神となり、秋にはまた山中へ帰って山の神に戻るという信仰からきている。全国で「霊山」と崇められてきた山には、こうした民間信仰があり、「海上他界観」「天上他界観」「地下他界観」と並んで日本人の自然観をはぐくんできた。

狩猟民族フランス人の森林異界観も、山国の稲作民族日本人の山中他界観も、ともに森のはずれを彼岸と此岸の境に見立てていて興味深い。

日本では、この山岳の稜線を細かく縫うように、大小の豊かな河川が縦横に伸びている。だから日本で森といえば山林であり、山河である。古くから日本人の人口に膾炙（かいしゃ）した漢詩の一節に「国破れて山河あり」があるように、国がどれほどの惨状にあるときでも、山河だけは残るというのが時代を超えた認識だが、実際のところは里山にほとんど樹木の残っていない、禿山だらけの時代も数多く経験してきた。

というよりも日本の里山は、一般に考えられているほど緑豊かではなく、荒廃していることの方が多かった。建材や燃材として、日常的に樹木を伐り出す必要があったためだ。しかも長距離の木材輸送が昔は容易ではなかったため、必然的に集落のまわりの山々が伐採林ばかりになっていく。

また「白砂青松」というように、沿岸部ではクロマツ林が生い茂る風景がよく知られる。フランスのランド地方で大規模砂防林ができるよりもはるか以前の江戸初期、いや文献によっては早くも八世紀頃から、日本人は海岸にマツを植栽し、防風林や砂防林として役立てることを知っていた。

海岸の一次林としては、マツ林よりも、ブナの一種のウバメガシが沿岸の代表的な樹種である。多くの場合、ウバメガシなどの広葉樹が燃料のために伐り尽くされ、禿山となって花崗岩質に変質する。そこへマツ林が定着する。潜在自然植生としてはウバメガシが優勢であっても、ひとたび人為による干渉を受けて禿山となると、土壌が変質し、マツが優勢になる。

というのも、マツ（とくにアカマツ）は繁殖力がきわめて強く、やせた土地でもよく育つからである。独特の風化プロセスで貧栄養状態となった花崗岩質の土壌にも、マツはよく順応した。

瀬戸内の備前国（岡山県）で治山に尽力した江戸初期の陽明学者・熊沢蕃山は、「松ならでは他の木そだたぬ赤ざり山あり。是は後までも松山たるべし」と述べている（『大学或問』）。一度禿山となった土地では、アカマツの生い茂るに任せる以外に再生の手立てがないと蕃山は見ていた。

ただし現在では、海岸にクロマツを再生させる植林技術がある。二〇〇六年発足の「白砂青松再生の会」がクロマツ、ゴヨウマツ、アカマツなどでおこなっている育林法では、菌根菌（四八ページ参照）が活用されている。『海岸林再生マニュアル』*で解説されているその方法をおおまかにいうと、ショウロ、アワタケ、チチアワタケといったキノコの菌根菌を培養する一方で、土に深さ二〇〜二五センチほどの穴を掘り、底に粉炭を入れてからマツの苗を植えて覆土しておく。その苗に、培養しておいた菌根菌の胞子液を如雨露(じょうろ)でかけると、苗木の活着と成長がうながされる。同会では、二〇一一年の東日本大震災の被害でマツ林が消失した地域にもこの方法を応用し、海岸林再生への期待に応えている。

おもに山岳と沿岸で見られる地形影響は、このように日本の森林植生のさまざまな特性を生み出してきた。

一方、海外県を除いた「フランス・メトロポリテーヌ」の地形は、大きく二つに区分できる。南東部の高地(ピレネー、中央高地、アルプス、ジュラ、ヴォージュ、アルデンヌ)と、北西部の低地(北部平地、パリ盆地、アキテーヌ盆地)である。つまり六角形の中心のすこし下を通るように斜めの線を引けば、フランスを高地と低地に切り分けることができる。

植生で見ると、このうち南東部の高地は「全北植物区界系」*に属する。この区界系は北米とユーラシアの両大陸にまたがり、また温帯から北極圏まで拡がる。第三紀に北極近くで発達した種(マツ、

*『**海岸林再生マニュアル——炭と菌根を使ったマツの育苗・植林・管理**』 塩害に強く、防災・防風・砂防といった多様な機能をもつ海外林を復活させるために必要な技術のマニュアル。小川真・伊藤武・栗栖敏浩共著、築地書館発行。

***全北植物区界系** 世界を六つの植物区系に分ける分類法によるカテゴリーのひとつ。アフリカ大陸北部、ユーラシア大陸(東南アジア・熱帯を除く)、北アメリカ大陸を含む。

モミ、カエデ、サクラなど）を中心とする植生だ。

フランスの高地面積を合計すると国土の約三三パーセントになり、低地は約六七パーセントとなっている。それぞれが針葉樹林帯と広葉樹林帯で占められていることや、実際にはかなり込み入ったモザイク地形をしていることは、第Ⅰ編で述べたとおりだ。フランスの樹林が平原やなだらかな丘陵を覆っているイメージがあるのは、この低地の割合が多いためである。

海洋性と大陸性、寒帯と亜熱帯の気候クロスロード

次に気候を見ると、日本は大きなくくりとしては暖温帯、冷温帯、亜寒帯の三つの気候帯に分かれ、暖温帯にはツバキなどの照葉樹林帯、冷温帯にはブナなどの落葉広葉樹林帯、亜寒帯にはトウヒなどの針葉樹林帯が見られる。また北東部（ブナ、カシ、シラカンバ、エゾマツ、ハイマツなど）と南西部（カシ、モミ、クヌギなど）に大別することもできる。

森の成長スピードにかかわりの深い気象条件は、なんといっても気温、降水量、日照時間である。地域ごとの気候区分は無視して、年間の気温と降水量だけを都市レベルで比較してみると、札幌―ストラスブール、東京―パリ、松山―トゥールーズがそれぞれ似た線形をたどっている（図28）。おおむね温帯気候の恩恵に浴している点は、日仏とも共通している。そして日本の場合、奄美諸島や沖縄諸島のような亜熱帯も含まれるので、都市ごとの平均気温はフランス本土よりもばらつきが多い。日照量については、全国的に見た平均日照時間はフランスの方が日本よりもやや長く、これはお

もに緯度と気圧の差からくる。

フランスの気候を大きく左右するものに、アゾレス高気圧（北大西洋高気圧）とアイスランド低気圧がある。アゾレス高気圧は夏に北アフリカから北上してくるため、地中海地域では晴れて乾燥した日が続く。北大西洋の暖流の影響もあり、ニース海岸は一～二月でも海に飛び込めそうな陽気に恵まれるが、内陸部にくらべると植生は限られている。

「地球温暖化」を通り越して「地球沸騰」といわれる近年は異常気象も多く、二〇一五年のヨーロッパの酷暑では、フランスだけで一万五〇〇〇人の死者を出した。これはアゾレス高気圧の異常発達と、

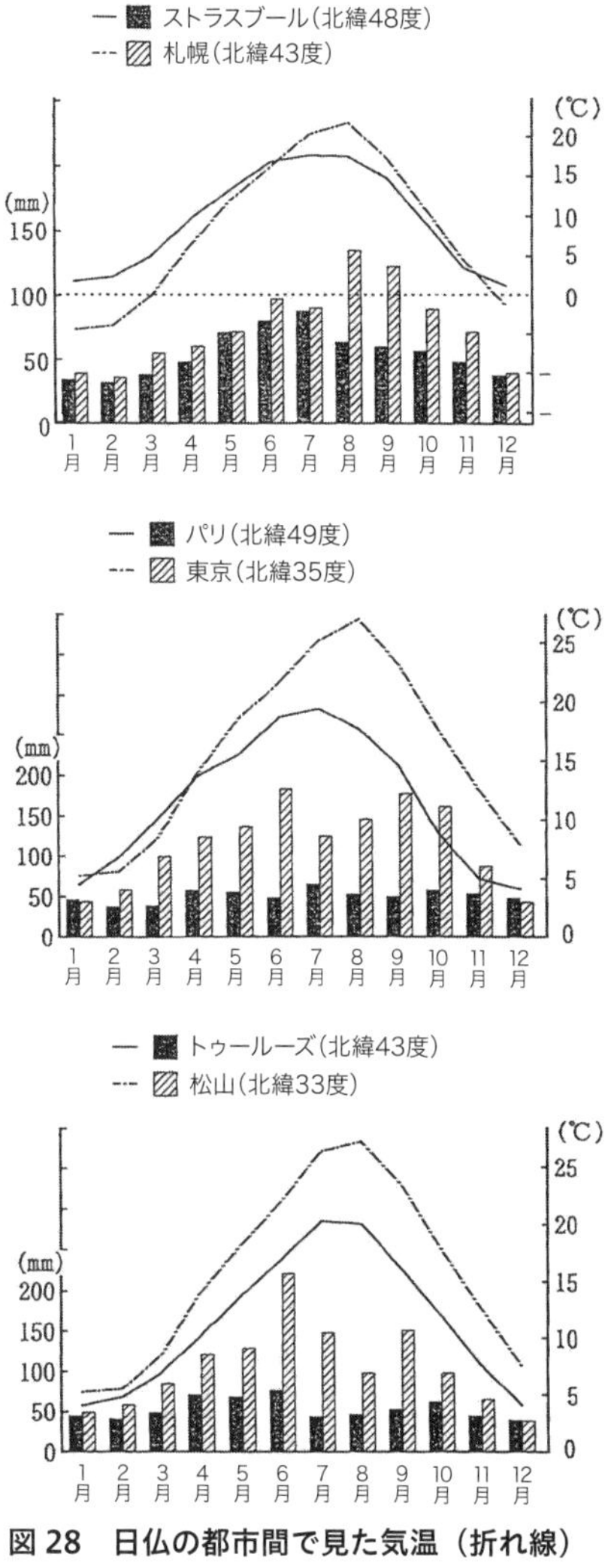

図 28　日仏の都市間で見た気温（折れ線）と降水量（縦棒）の年間推移

温暖化の相乗効果によるものだったと考えられている。またアゾレス高気圧は、大気の対流を乱して「トロピカル・ウェーブ」と呼ばれる気象攪乱を引き起こすことがあり、これがサイクロンのもとになる。

一方、アイスランド低気圧はアイスランドやグリーンランドを中心とする海域で発生する低気圧である。夏にこれが発達すると、もともと冷房をあまり必要としないパリを涼しい暑気払いの通り雨がよぎる。また冬にこの低気圧が発達すると、集合住宅のセントラルヒーティングがフル稼働するほどの厳しい寒さが続いたものだった。アゾレス高気圧とアイスランド低気圧が交互にヨーロッパを移動し、両者がいっしょに変動することを「大西洋振動」という。

北部は海洋性と大陸性の気候影響が強いため、極端な気温の日がすくなく、雨が多い。南部は地中海亜熱帯地域の影響で、夏には激しい熱風をともなう乾燥が続き、山火事で毎年平均三万七〇〇〇ヘクタールの森林が焼失する。

逆に山岳地帯では、冬に西からくる雨雲が山沿いに雪や雨を降らせ、ピレネー、北部アルプス、ジュラ、中央山塊では年平均二〇〇〇ミリの降水量がある。また高度一〇〇〇メートル以上の山々は、一二月から四月までずっと「雪国のマント」に覆われる。南東部ローヌ川の谷間には、冬から春にかけて強く吹き下ろす北風「ミストラル」があり、これが森林や農作物に冷害をもたらすことも多い（図29）。

これに対して日本では、まずベーリング海からカムチャッカ半島、千島列島を沿って流れてくる親潮（千島海流）の影響がある。北海道から東北にかけては冬の寒気に見舞われ、春から夏には偏東風

図 29　ミストラルの吹いていく方向に撓（たわ）んでいるミディ地方のコルクガシ

「山背（やませ）」が東北の作物に冷害をもたらす。山脈を越えた風が熱風になって吹き下りるフェーン現象もある。フェーンはそもそもヨーロッパアルプスで同様の現象にあてられた呼び名である。

冬期は、中部では太平洋の気流の影響で東側は乾燥し、西側は大陸からの気流の影響で大量の降雪がある。

南西部では、台湾やフィリピンからくる黒潮の影響で比較的温暖な冬になる。四国から中国地方にかけての瀬戸内の温暖で乾燥した気候は、よく地中海にたとえられる。瀬戸内海をエーゲ海に見立てて「多島海」と呼ぶこともある。

亜熱帯の沖縄や小笠原諸島は、黒潮の影響で温暖・多湿だが、年間の気温差は小さく、猛暑日もすくない。沖縄のマングローブに代表される汽水域の熱帯植物は、フランスでは海外領のニューカレドニアやタヒチにしか見られない。沖縄の雨季は、乾季との差や区切りがはっきりしているため、本州の梅雨とはかなり違うが、こういったタイプの雨季はフランス本土にはない。ただしパリを含む中西部には、二月に冷たい雨の降り続く一時期がある。

台風とサイクロンは、呼び方は違うが中身はおなじで、ともに最大風速が秒速一七メートル以上の低気圧をさす。ただし日本の台風の方がはるかに厄介で、アジアモンスーン気候帯を北上しながら発達する熱帯性低気圧が列島を縦断、その後オホーツク海へ抜けていくことが多い。フランスの場合は地形的にも、そこまで全国を単独で荒らしまわる暴風雨はない。

気候について日本とフランスに共通する最大の特徴として、どちらも大陸と海洋の影響がぶつかり合っている。ことにフランスは、大西洋と西ヨーロッパ、北極と亜熱帯の気候のクロスロードにあたる。周囲を山脈や海という自然国境で仕切られているため、近隣の国との差も生じやすい。フランスにくらべ、島国日本は四方を海で囲まれているが、気候は極東ユーラシアの大陸性高気圧や、東南アジアからつらなるアジアモンスーン気候帯の影響を大きく受けて、まるで地続きのルートのような「稲作ベルト」ともいうべき特徴を東南アジア一帯と共有している。

こんなふうに気流や海流をつくりだし、大量の水分を大気中に蒸散する海は、地球規模の天候プロモーターである。そしてこれらを条件として育つ森もまた、水分の蒸散や温度調節や保水機能によって、気候や天候へのフィードバック効果を与えている。

変質土壌も木々の苗床に

三つ目のポイントである土壌は、いま述べた地形と気候に大きくかかわっている。土はもともと岩石が風化してできており、土のもとになった岩石を母岩という。母岩の風化でできた土が、その場に堆積したのが残積土（sol zonal）である。これに対し、母岩の風化後に風や水や重力で移動していくものを運積土（sol azonal）という。日本とフランスの土壌に共通の要素として、残積土への地理的影響がある。また異なる要素としては、運積土への気候影響がある。残積土と運積土の影響をここですこし見てみたい。

火山国で地殻変動の多い日本では、残積土が国土全体の一五パーセント未満しかない。フランスではほぼ全土に残積土が広がる。この違いはどこからくるかといえば、日本は傾斜地と雨が多いため、表土が流出しやすいことが要因として大きい。

フランスには粘土質の抜け落ちた褐色土が多く、それがパリ盆地や西部地域に広がって、落葉広葉樹の生育に適した大地を形成している。北部や地中海地域では、石灰岩質の土がこれに取って代わる。この石灰岩が風化してできたものが「テラロッサ」と呼ばれる褐色の土で、フランス南部からイタリアにかけての地中海の代表的な土壌である。日本では、褐色土は山岳地帯で酸性化していて、北部の半分を占める石灰土は針葉樹の生育に有利な条件となっている。また南西部では、赤みがかった土や黄色土が広がっている。

一方の運積土について。フランスでは、石灰質土壌がパリ盆地や南仏に、ローム（砂、シルト、粘土がほぼおなじ割合で混ざった土）がアキテーヌ盆地やパリ盆地やアルザスに、そして沖積土がカマルグ地方や西部沼沢地や河川の河床などに見られる。ただし高度の違いが運積土の微妙な違いとなって表れることもある。日本の場合、運積土はリソゾル*（固結岩屑土）と沖積土の二タイプに分かれる。リソゾルは傾斜地に多いのに対し、国土の一四パーセントを占める沖積土は平地に多い。関東平野の関東ローム層に代表される、耕作地向きの土壌である。

また土壌で忘れてはならないのは、日本では明治期や昭和期におこなわれてきた広葉樹林の皆伐と針葉樹の大面積単一植樹によって、土壌がポドゾル化*したことだ。とくにヒノキ植林は、下草として竹藪が地面を覆うことによってササの枯れ葉が堆積し、ポドゾル化が加速する。この点は、長いあいだ日本林業の問題点とされ続けてきた。

バリエーションに富む日仏の植物群落

さて、ここからしばらくは植生の比較になる。巻頭カラーページでフランスと日本の森林植生図*（地図5・6）を参照されたい。

ここまでは「植生」と呼んできたが、正式には「植物群落」と呼ばれている。第Ⅱ編の森林再生史に出てきた植物学者シャルル・フラオーや、その弟子ブラウン・ブランケらを中心とするモンペリエ学派（のちにスイスやドイツへと規模が拡大してチューリヒ・モンペリエ学派）による命名である。

フランスの樹種は、日本にくらべて数がすくないこともひとつの特色になる。個別の樹種は第Ⅰ編に紹介したので、ここでは日本とのあいだで植物群落を比較してみたい。

フランスの樹種のおよそ三分の二を占める広葉樹は、大西洋地域の平地に多い樹種で、海洋性気候の影響を強く受け、いくぶん大陸性気候にも影響されている。樹種はナラ（オウシュウナラ、フユナラ、コルクガシ、ミズナラなど）やブナといった主要樹種のほか、クリ属、ニレ、カエデ、カバなどの顔ぶれが加わる。中部ヨーロッパの樹種としては、ヨーロッパナラ、トネリコ、カバなどの広葉樹や、モミ、トウヒといった針葉樹が見られる。広葉樹林は低林または中林として施業管理されている。

針葉樹はおもにジュラ、アルプス、ピレネーの各山脈で多く見られ、高林を形成している。ヴォージュのモミ、ジュラのトウヒ、ブリアンソン（南フランスでイタリア国境に近い町）のカラマツ属、アキテーヌのヨーロッパアカマツ人工林、ソローニュのヨーロッパアカマツ、セヴェンヌのクロマツなどだ。加えて外来種、たとえば北アメリカ大陸のダグラスファーやモミ、日本のカラマツ、オーストラリアのクロマツなどは人工造林に用いられている。地中海地域の針葉樹としては、夏の乾燥に耐える樹種のパンパラソル（イタリアカサマツ）、アレッポマツなどがある。

＊リソゾル（固結岩屑土）　岩石が河川に運ばれて低地に堆積した沖積土に対し、傾斜地で風化した岩石（岩屑）が落下してできた土。

＊ポドゾル　森林土壌に落ち葉が蓄積してできた腐植層の分解が進まず、堆積して有機酸を生成し、表土の無機養分が溶脱されて下層へ移動することによって生じる、表土の養分が著しく欠乏した土層。ポドゾルはラテン語で「灰白色の土」の意。後出する木曽谷三浦（みうれ）地域のヒノキ林には、稚樹が更新しにくい湿性ポドゾルが見られる。

＊日本の森林植生図　なお、日本の現存植生については、国土地理院のウェブサイトで閲覧できる下記ＰＤＦファイルの一八〜一九ページ「現存植生」を参照。ＵＲＬ：https://www.gsi.go.jp/atlas/archive/j-atlas-d_2j_05.pdf

一方、日本の森林植生は、水平分布と垂直分布で考えるとわかりやすい。

水平分布では、南から熱帯林（ガジュマル、アコウなど）、暖帯林（コナラ、クヌギ、アカマツなど）、温帯林（ブナ、カラマツなど）、亜寒帯林（エゾマツ、トドマツなど）、寒帯林（シラベ、オオシラビソ、トウヒ、エゾマツ、トドマツ、カバ、ハンノキなど）の五森林帯に分けられる。お気づきのとおり、熱帯・暖帯・温帯（暖温帯、中間温帯、冷温帯）・亜寒帯・寒帯という、気温分布にもとづく気候帯の名が、そのまま森林帯にも使われている。

日本は雨や日照時間が極端にすくない地域がないため、南北に走る弓状列島の積算温度*の違いがもっぱら森林帯の違いとなる。ここに挙げたそれぞれの森林帯の樹種は、それぞれの気候帯で生じる極相林ということになる。ただし山火事や野焼きで森林が失われると、そこの土壌が変質してアカマツ林になっていくことが多く、この二次林のアカマツやクヌギは極相林の目印にはならない。また、先ほどふれた瀬戸内の乾燥気候帯では、クスノキの自生が見られない。これは雨量のすくなさが決定要因になっている。

では垂直分布はどうかといえば、低緯度から高緯度への気温変化が、低地から高地への気温変化と重なっており、いわば南から北への水平分布が低山から高山への垂直分布にもあてはまる。これもやはり日本が南北に細長い地形であることからくる。

もし標高一〇〇〇メートルぐらいの山麓帯に暖帯のコナラやクヌギが生えていれば、一五〇〇～二〇〇〇メートルぐらいの低山帯には温帯のブナやカラマツが生え、二〇〇〇～二五〇〇メートルぐらいの亜高山帯には寒帯のオオシラビソやモミ、二五〇〇メートル以上の高山帯には森林限界やコメツガなどというように、水平分布がそのまま垂直分布と重なる。

ただし、日本アルプスの東側がそうであっても、雨量や日照時間の関係で、西の日本海側では太平洋側よりもブナが多くなったり、モミがすくなかったりというような微妙な差が出てくる。そこで、おおまかにまとめるとすれば、日本列島は南から熱帯植物、常緑広葉樹、落葉広葉樹、針葉樹、高山植物という順で水平分布と垂直分布の交じった森林帯分布にくくることができる。

かたや東西南北に角が張り出し、地形も入り組んだフランスでは、こうした直線的な変化はあてはまりにくい。気候の水平分布が多様なので、フランスの森林帯ではおもに高度が植生の決定要因となっている。

おおまかな森林帯としては以上のような区分となるが、そのなかで実際の植物群落がどう分布しているかということになると複雑で、これまで研究者によるさまざまな分類方式が考え出されてきた。群落のほかに、「群系」や「群団」や「群集」や「群叢」があるが、本書では日本とフランスをおなじ物差しでくらべたいので、日本の植生については、チューリヒ・モンペリエ学派の考え方を日本に導入した研究者たちの分類に従おうと思う。

＊積算温度　ある土地で一定期間の日平均気温を合計した値。農業や林業で、作物の生育予測に用いられる。

「温帯林」にニュアンスの差も

引き続きフランスと日本の森林植生図を比較しながら見ていこう。日仏ともに、じつはこういった地図には先人のたいへんな研鑽の積み重ねが組み込まれている。すべての観点から比較することはできないので、どうしてもアラカルト的な対照方法になる。以下ではしばらく、山岳と沿岸という二つの地理に注目することで日仏の植生をくらべてみたい。

まずそれぞれの国の山岳のうち、ピレネー山脈東側と日本アルプス山脈を取り上げて植生の垂直分布をくらべてみると、森林帯ごとのおもな樹種は図30のようになっている。ムゴマツはピレネーがヨーロッパにおける南限で、ピレネー山脈東部高山帯の特色をなす。一方、日本アルプスでは同様の高度（二五〇〇メートル以上）が森林限界となるため、高山帯は省略した。またそれぞれの山脈の両斜面（たとえば日本アルプスなら日本海側と太平洋側）では、微妙に樹種の構成が違っている。

ピレネーでは、オーク（コナラ属）が山地帯のおもな樹種なのに対して、日本アルプスのカシ（コナラ属）は丘陵帯の主要樹種である。ブナとモミは、ピレネーでは亜高山帯だが、日本アルプスでは山地帯と丘陵帯に属する。一段階ずつズレがあるのは、気候帯の違いによるものだ。しかしここで大事なのは、こうした垂直分布の階層の順が水平分布の順と重なっていることである。垂直分布では低地から高地の順で、水平分布では南から北の順で、常緑広葉樹、落葉広葉樹林、針葉樹林（または針・広混交林）、亜高山針葉樹林などがおもに分布している。

日本アルプスの太平洋側で優勢なウラジロモミは、日本海側ではブナに替わっている。これは日本

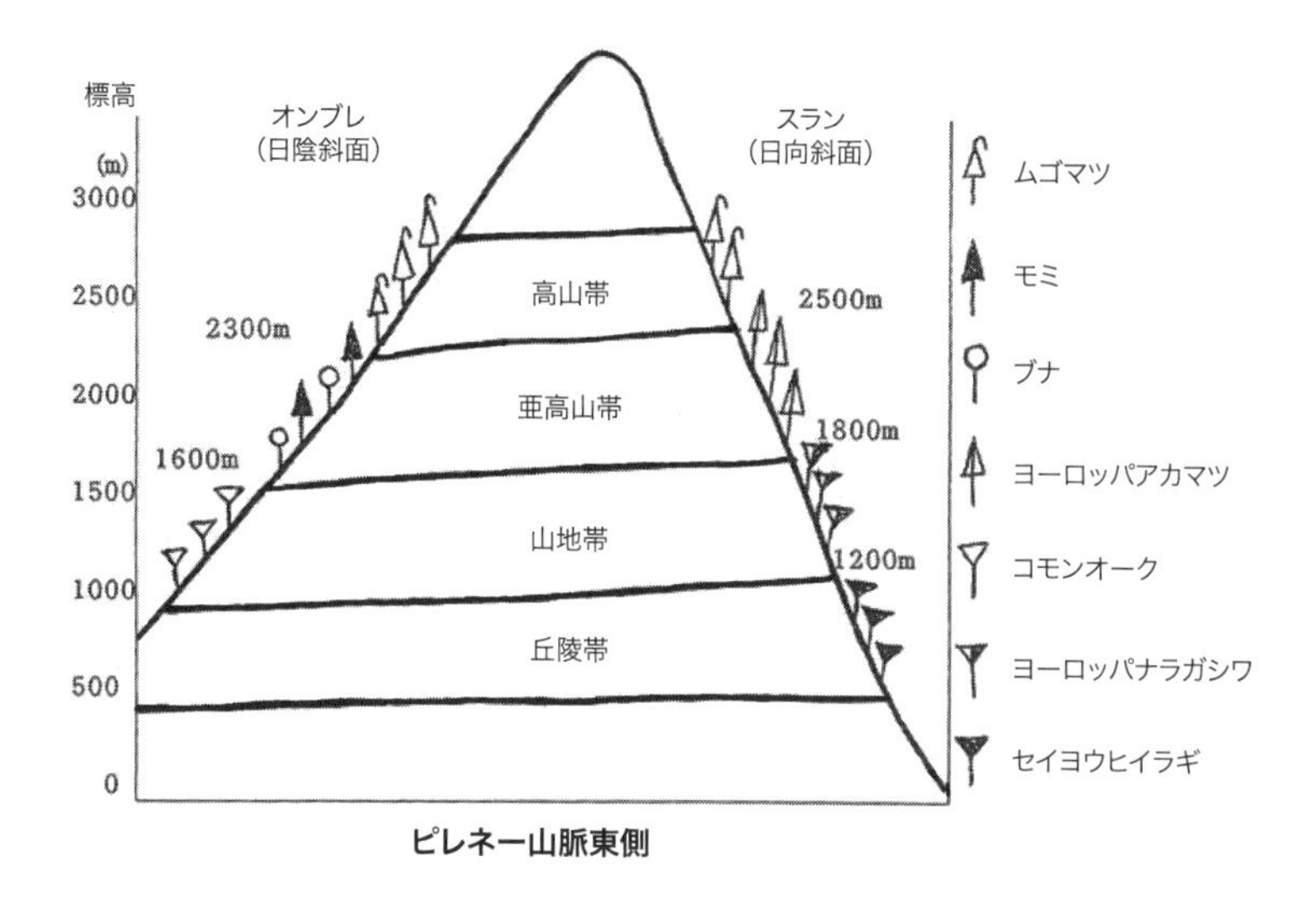

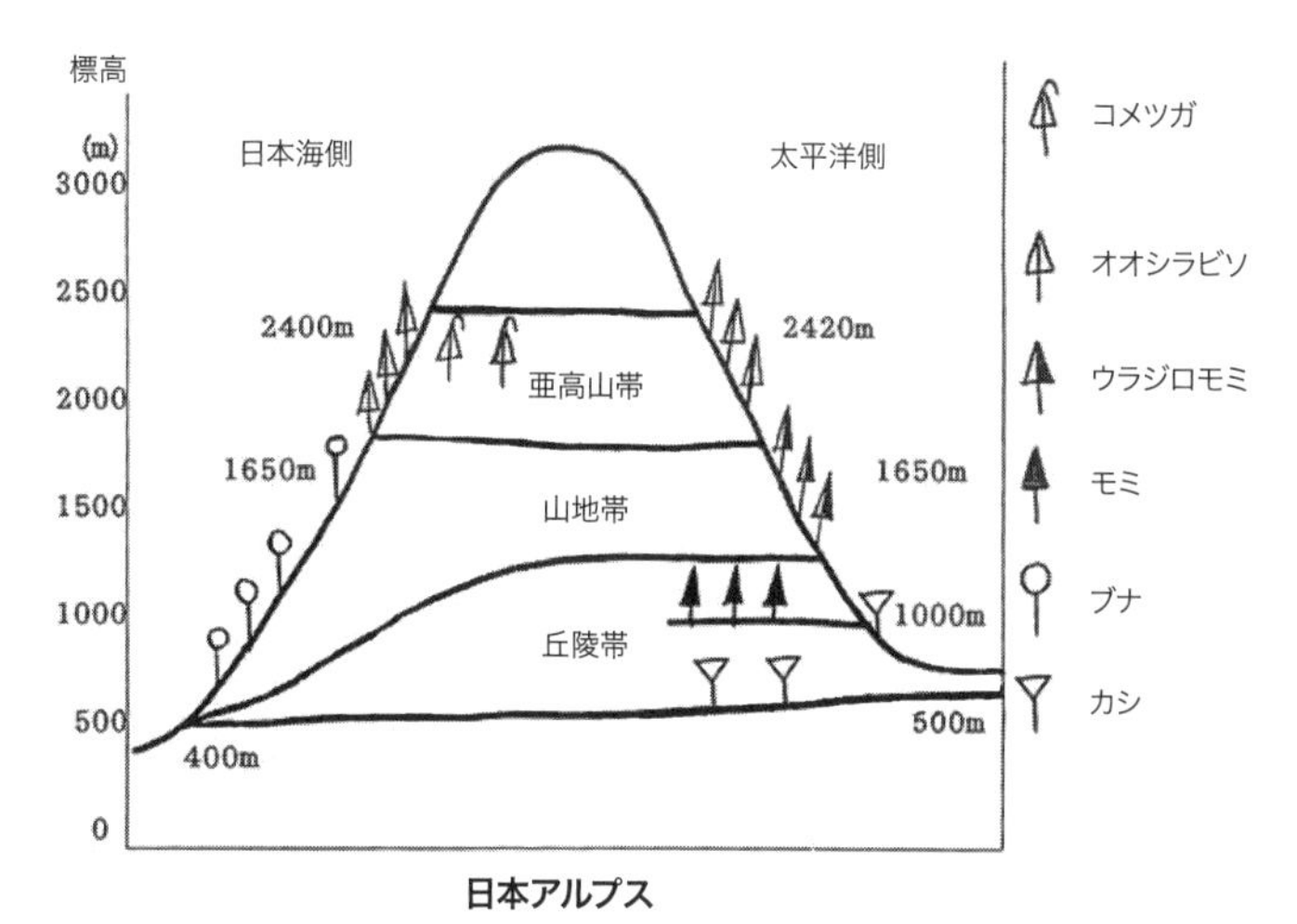

図 30　ピレネー山脈東側（アスプル－カニグー）と日本アルプス（白馬－御嶽）の植生分布

海側に冬の降雪が多いことからくる違いである。ピレネーの場合はむしろ日照量が樹種の違いをもたらし、陰樹に属するブナが「オンブレ」（日陰斜面）、陽樹に属するヨーロッパアカマツが「スラン」（日向斜面）でそれぞれ優勢となり、高山帯ではムゴマツ（モンタナマツ）がこれに代わる。

温帯湿潤気候を共有しているこの両国にいえるのは、おなじブナ科でも、カシに代表されるコナラ属の常緑広葉樹と、ブナに代表されるブナ属の落葉広葉樹の分布域が異なり、各山脈の垂直分布の特徴を決定していることだ。植物体内の化学反応、たとえば光合成は、気温が一度上がるごとに速度が約三倍になる。このことから、夏の暖かさが十分なのは広葉樹全般にとって都合がいい。ところが冬の寒さが制限要因になって、高緯度では生きていけない広葉樹がある。葉を落として冬越しに備える落葉樹のブナにくらべて、寒さへの耐性が弱い常緑樹のカシが低い位置にあるのはそのためである。もともとこの二つの樹種には、高度による棲み分けがあり、本来は決して共存することがない。ただし、互いの高度限界を共有するかたちでブナとカシが共存している稀有な例が、柴尾山（熊本県）や高尾山（東京都）などには見られる。先ほど挙げた「常緑広葉樹林→落葉広葉樹林→針葉樹林」の遷移順は、一般に極相へ近づくほど寒さへの耐性も強くなる。

相違点としてもっとも大きいのは、おなじ温帯林でもフランスは冷温帯林、日本は暖温帯林が主流となっていることである。冷温帯のフランスではブナのような落葉広葉樹林が多く、暖温帯の日本では照葉樹林のなかに針葉樹林が群生したり、点在したりしている。

このことがそれぞれの木の文化にも反映される。フランスの聖堂や宮殿の構造部分に広葉樹が使われているのに対し、日本では寺社や古城の建築にスギ・ヒノキのような針葉樹や、ナラ・ケヤキのような広葉樹が入り混じっている。法隆寺正倉院の宝物を守ってきたスギとヒノキがある一方で、山形の名所・立石寺には日本最古のブナ建築によるお堂がある。神社や神棚に祀られるサカキの木も広葉樹である。洪水や火山噴火などで土中に埋もれていた「神代木（じんだいぼく）」には、スギを代表とする針葉樹よりも、ケヤキやカシやクリやトチノキやホオノキなどの広葉樹が多い。

他方、フランスの広葉樹材と日本の針葉樹材が好対照をなすこともある。フランスのワイン樽やブランデー樽がオークでできているのに対し、日本の清酒樽や升の多くはスギでできている。ヴェルサイユ宮殿の嵌木板（parquet）はカシだが、登呂遺跡（静岡県）の矢板*や金閣寺の床柱（とこばしら）はスギ。フランスで聖木といえばオークが代表的だが、日本で神木といえば木曽山林の株祭（かぶまつり）*に用いるスギだ。ひるがえっていえば、これはそれぞれの国民の樹種に対する嗜好が、人工林の樹種選択にも間接的に影響し、それぞれの森づくりに反映されてきた部分である。

照葉樹林国ニッポン

沿岸部について比較したいのは、瀬戸内式気候の松山（愛媛県）と地中海式気候のトゥールーズ（オート＝ガロンヌ県）だ。どちらも降水量がすくないため、乾燥適応種が多く見られるが、一次林と

＊矢板　建築・土木の基礎工事で、土砂の崩壊や水の侵入を防ぐため、地盤に打ち込む板状の杭。
＊株祭　江戸時代の木曽山林で、伐木後の切り株に木の梢を挿し、山の神に奉じた慣習。

極相林はきわめてすくない。これは人間活動の介入、山火事または野焼き、そして害虫被害によるものである。

主要樹種として、松山にはアカマツやクロマツが多く、トゥールーズには石灰岩質の土壌で育つアレッポマツ砂地が多い。こうした土壌に共通なのは、ミネラル分が低下していて、粒子が小さく、風に飛ばされやすいことだ。たとえばアレッポマツは、火災による荒廃地や、ブドウ農園が廃れて放置されたままの土壌に生え、同様に瀬戸内のアカマツやクロマツは、一〇〇〇年前から稲作地と共生してきたことが知られている。

では一次林は何だったのか。これは国内のどこの土地でも、鎮守の森が残っていればある程度はわかるといわれたものだった。鎮守の森には、潜在自然植生にもとづく主要樹種が残されているからである（ちなみに「鎮守の森」はすでに国際生態学用語にもなっているので、フランスの生態学者たちにも「Chinjuno-mori」としてそのまま通用する日本語だ）。ただし日本国内では、かつて三〇〇〇近くあったその数が戦後に四〇まで激減した。現在は民間団体による再生プロジェクトが進められている。

その鎮守の森の調査からも、瀬戸内の場合は常緑のスダジイや落葉のカシワといった広葉樹が一次林だったことが知られている。地中海の場合、石灰土壌ではアラカシ、珪土ではコルクガシが見られる。そして地中海気候の適応種であるオリーブが、瀬戸内式気候にも適応し、昔から栽培されているのは興味深い接点のひとつだ。

しかしフランスと日本のあいだで、常緑広葉樹の性質には若干の違いがあることも忘れてはならない。日仏いずれのタイプの常緑広葉樹も、乾燥に耐えられるように葉は硬いが、日本の常緑広葉樹の場合、雨のすくない地域や、年によって降水量にばらつきのある地域にはそのような葉でも適応しにくかった。これは東アジア特有の常緑広葉樹で、ツバキのように冬の寒さへの適応として葉が分厚く小ぶりになり、ツルツルしていて光沢があるので「照葉樹」と呼ばれる。

照葉樹林帯は、常緑広葉樹林帯、暖帯林、暖温帯林の総称でもある。一般に照葉樹林帯で中心になる樹種はブナかクスノキで、日本の場合それはブナ科の常緑広葉樹にあたる。「ちょっと待て、ブナは落葉広葉樹だったはず」と思われるかも知れない。確かに樹種としてのブナは落葉広葉樹だが、「ブナ科」といえば常緑広葉樹も入ってくる。たとえばブナ科シイ属のスダジイや、ブナ科コナラ属アカガシ亜属のシラカシなどである。つまり日本の森林の多くを占める暖温帯は、シイやカシといった照葉樹が主役となっている。暖温帯は西日本を中心に見られることから、その植生の特徴をなす照葉樹にクローズアップし、西日本の文化を「照葉樹林文化[*]」と呼ぶことがあるのもこのためである。これに対し、冷温帯を含む東日本の文化は「ナラ林文化」と呼ぶことがある。

ギャップダイナミクスと病害虫

こうしてフランスとおなじく、日本ももとは広葉樹の国だったことがわかる。

＊照葉樹林文化　アジア大陸起源の照葉樹が西日本に伝播し、照葉樹林の文化圏を形成したとする文化人類学の理論。

発掘された花粉の年代分析でわかっているのは、稲田、スギ林、マツ林、ヒノキ林の拡大によって照葉樹林は後退し、昔から神域として保全されてきた宮島（広島県）のような自然保護地域でなければ見られなくなったことだ。マツ林が照葉樹林に取って代わった地域では、これが過去の森林伐採による荒廃のあかしと見られることも多い。このように極相林が、何らかの人為の介入で遷移におけるひとつ前の段階へ戻ることを「退行」（ギャップダイナミクス）という。日本列島では、照葉樹林の極相が落葉広葉樹林や針葉樹林に退行しているのがよく見られる。肥沃な土地であれば遷移の法則にしたがい、競争に勝って優先となる照葉樹林だが、土壌が劣化すると生育が困難になり、退行の悪循環が続いて禿山になることがある。

とはいえ海外の研究者、たとえばフランス人のP・ペルティエから見ると、「宮島のように瀬戸内有数の美しさで知られ、古くから自然が守られてきた土地で、マツ林が失われてきたのは皮肉かつ暗示的なこと」だという。再造林では対処できない環境脆弱性への脅威がある。二次林まで破損したとなると、考えられる原因は大気汚染とマツクイムシだった。

一九七四年、宮島から一〇キロと隔たっていない化学工場・製紙工場・石油精製工場で、一九五八年以来放出されてきた大気汚染物質によって、約六〇〇万ヘクタールのマツ林が犠牲となった。一方、マツクイムシの方は全国規模で、ピークの一九七九年に平均一一三三ヘクタールが被害を受けた。

マツクイムシは、マツノザイセンチュウという線虫を運ぶマツノマダラカミキリの通称である。マツクイムシがマツの樹皮を食べると、その咬み傷からマツノザイセンチュウがマツの体内に入り、爆発的に増殖して仮道管をふさいでしまうため、マツは根から水分を吸い上げられなくなる。ただし線虫は自力ではマツからマツへと移動できないので、マツクイムシの力を借りるのである。マツクイムシは水分が足りずに衰弱した幹に卵を産み、孵化させる。マツに寄生する者どうしがお互いに利益を得ることができるので、これは「相利共生」となる。

宮島ではマツクイムシに対抗するため、薬剤散布をやめ、マツ林の手入れを見直した。また一九八〇年以来、年間七〇〇本の若い苗木が植えられた。その後、マツノザイセンチュウに対する抵抗性をもつマツも現れ、徐々にマツ林は回復している。

フランスでもマツクイムシの問題は同時発生していた。一九七一年、一九七七年、一九八三年と、大西洋側の地中海沿岸で「グラダシオン」と呼ばれる虫食い被害を受けた。その結果、一次林と同様に二次林の保全も難しいとされた。ヨーロッパアカマツとフランスカイガンショウを砂防林として植林してきたランド地方も、このマツクイムシには手こずった経験がある。

ちなみにオークについては、日仏ともにキクイムシの被害がある。二〇二三年の初夏、山梨県鳴沢村の富士山原生林でも被害が報告された。被害に遭ったのは、樹齢四〇〇年の大木を含むミズナラ林。害虫の名は「カシノナガキクイムシ」だ。この虫は日本各地に分布する在来種で、「ナラ菌」という病原菌を媒介し、ナラ類やシイ・カシ類といったオークを枯死させている。

このキクイムシについては、フランスでは三万ヘクタールのトウヒが被害を受けている。また褐斑病*によってトネリコが、インク病*によってオークが危険にさらされているとの報告もある。

さらに近年、異常気象も病虫害を加速させている。一九九九年にフランスを襲ったロタールとマルタンのような暴風雨は、倒木被害だけでなく、樹木に極度のストレスを与え、菌類や害虫への抵抗力を弱めさせる。他方には温暖化がもたらす気温上昇で、害虫の繁殖力が高まっているケースもあり、病虫害は気象現象との複合的な影響力をもち始めている。

下草の違いと原生自然

地中海地域、とくにコルシカ、モンペリエ、モールスなどに見られる一次林では、地中海の石灰質乾燥地帯に散在する土壌に生える「ガリッグ林」がケルメスオークに取って代わっている。さらにこのガリッグ林やマキにも、夏の乾燥と暑熱と強風で生じやすい山火事による被害があり、フランスでは毎年四万五〇〇〇ヘクタール、日本では一九八八〜九三年のあいだに二三五四ヘクタールの森林火災があった。

こうした荒廃のプロセスで、アルブートス属（地中海地方のツツジ科の木）の高木のマキは、ジュネ（マメ科のエニシダ類）やシスト（地中海地方に分布するハンニチバナ科の小低木）といった低木マキへと替わっている。

そして低木といえば、忘れてはならないのが林床に生える下草の存在だろう。

アジア原産のササの繁殖が、日本では古くから林野の特性をなしている。国内にはササ類が約五〇種もあり、ツタ類などとともに藪を形成して、林床を覆っていることが多い。このため、樹木の種から萌芽が出ても日光が届きにくい。だからヨーロッパの森にくらべて、日本の森は天然更新がしにくい。笹藪は落ち葉がペレット材になり、またササとは種類が違うが孟宗竹のようなタケも多くの生活用具の材料として利用されるというように、昔から日本人の生活になじんできたが、人工林の施業では、こうした笹藪や竹藪が駆除の対象となる。

日本よりも高緯度のフランスでは、冬の低温と夏の乾燥がササの繁殖を阻害する。世界には北米や北アフリカのように、アジア以外でも笹藪の生い茂る地域がある。ただヨーロッパは、気候条件的にササが生えにくい。ユーラシアの東西を比較するとき、このササの有無は大きな違いのひとつになっている。

沿岸部に話を戻せば、プロヴァンス＝アルプ＝コート・ダジュールは地中海沿岸部の森林保護地域の代表格である。ここには国立と地方の自然公園指定区域が数多くあり、ユネスコのＭＡＢ（人間と生物圏）計画*で指定された生物圏保存地域も五カ所ある。

この地域では適切な伐採によって森を管理する必要からも、広葉樹林を薪炭林として生かす伝統の再生が大切にされている。暖房用のボイラーにも、燃油に代わって広葉樹の木材が使用されることが多くなってきた。ところが、これに巨大な国際資本が介入し、大規模な木質バイオマス発電計画を展

***褐斑病**　カビの一種である糸状菌が、樹木、草花、野菜などに引き起こす病気。葉にできた斑点が徐々に広がることによって、植物の生育が悪くなる。

***インク病**　褐斑病とおなじく、カビの一種が原因で起こる葉の病気。無数の黒点が生じたり、葉全体が広い範囲で黒ずんだりする。病名は「インクの染み」に由来。

***ＭＡＢ（Man and the biosphere：人間と生物圏）計画**　一九七一年にユネスコ（国連教育科学文化機関）が開始した、自然及び天然資源の持続可能な利用と保護に関する科学的研究をおこなう政府間共同事業。

開しようとする場合がある。その典型例となったガルダンヌの火力発電プロジェクト*は、社会的な紛争も引き起こしたあと、二〇二一年には再稼働したが、その後二〇二三年時点では規模縮小となっている。

おおまかに見て、以上のような環境条件と植生をもつ日仏の森林だが、原生林がごく限られているのは共通の特徴である。とくに日本は北海道や富士山などにわずかな原生林を残すのみ。フランスは二〇一九年に指定された国立森林公園（フォレ国立公園）の原生林三一〇〇ヘクタールをはじめ、人為の介入を禁止した保護林がある。この点ではフランスの方が原生自然を残している。一方で、残してきた森林の国土に占める割合では日本がフランスをしのいでいる。

伝統木造家屋の比較――「ハーフティンバー」vs「数寄屋造り」

林業では一般に、針葉樹の方が広葉樹よりも多く生産される。日仏の場合も、収穫量の割合は針葉樹の方が上回っている。フランスの広葉樹材生産量は一九七〇年からしばらく落ち込んだが、その後針葉材との合成によるＬＶＬ*（ベニヤ板の一種）の普及によって、ふたたび増加に転じた。図31は九〇年代半ば、丸太、製材、木材チップなどの品目別に比較した日仏の木材生産である。

広葉樹への愛着ゆえに重んじられてきたフランスの植生多様性への考え方が、木材の幅広い用途にもそのままスライドするようにあてはまる。スギ・ヒノキなどの針葉樹を好んできた日本も、多彩な用途と加工技術にもとづく木材利用においてはフランスにまさるとも劣らない。

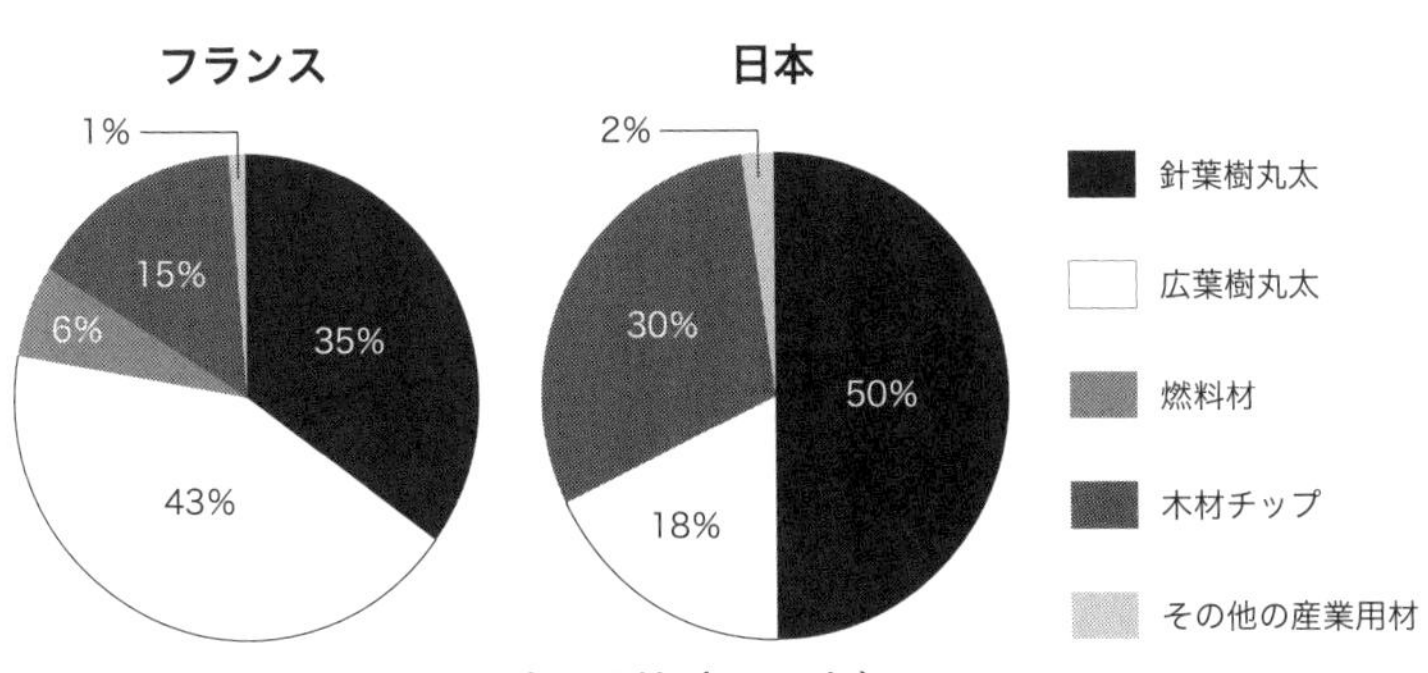

図31　日仏の木材生産量の内訳比較（1995年）

伝統的な木造建築については、フランスのコロンバージュと日本の数寄屋造りをくらべてみよう。

コロンバージュとは、フランス、ドイツ、イギリスなどのヨーロッパ諸国で一五〜一七世紀に見られた建築で、西洋家屋の代表ともいえるハーフティンバー様式のフランス名である（図32）。ティンバー（timbering）が木組みを意味することから、「半木骨造」ともいう。柱、梁、筋交いなどを組み合わせて構造部分をつくり、外部にむき出しになったこれらの軸組みと、漆喰やレンガなどでできた外壁を調和させた美しい木造家屋である。

＊**火力発電プロジェクト**　フランスは一九七三年のオイルショック以来、原子力と再生可能エネルギーへの移行を進めてきた。現在も、ヨーロッパで脱化石燃料を果たす最初の先進工業国をめざしている。ガルダンヌは一七世紀から、燃料木材不足を補うための石炭鉱業で栄えてきた町だが、いまはフランスの脱石炭火力発電路線と相容れない立ち位置にあるうえ、大量の木質ペレットを要するバイオマス発電の導入でますます多くの矛盾を抱えることとなった。

＊**LVL**（ラミネイティド・ベニヤ・ランバー）　単板積層材。薄くカットした単板をおなじ繊維方向に何層も重ねて角材にしたもの。

図32　ハーフティンバー様式（コロンバージュ）

このコロンバージュにもっとも多く使われているのがフユナラで、柱や梁にはヨーロッパナラガシワ（ダウニーオーク）やクリ、階段にはトネリコなども用いられている。壁や家具の化粧貼り「プラカージュ」の部分には、カシ、セイヨウミザクラ、カエデ、トネリコが使われた。ちなみにクリは、日本の白川郷（岐阜県）に見られる合掌造りでも構造部分をなしている。

数寄屋造りの方は、一六〜一八世紀に茶室の様式を取り入れて建てられた木造軸組み工法の家屋である（図33）。柱や床板にはスギ丸太が使われ、床柱には紫檀、板材にはクワを用い、また網代や掛け込みといった意匠を凝らした天井部分には、タケが使われた。梁のスギやマツに見られるように、日本の建材はやはり針葉樹が多いが、広葉樹もキリ、ケヤキ、カツラ、ヤマザクラ、イタヤカエデなど多数見られる。ケヤキやイタヤカエデは床板、カツラは板戸に用

図 33　数寄屋造り

いられた。キリは箪笥でおなじみの素材だが、サクラとともにテングス病*の病原菌に冒されやすく、桐箪笥はあまり市場に出回らなくなった。ケヤキは耐久性があって、木目の勢いも力強い。カエデの木目は不規則で、淡く自然な味わいに富むので、床材や内装材としてよく使われる。

建材以外では、ヨーロッパでスライドシャッターによく使われるのがヨーロッパアカマツ、チーズの箱をかたちづくっているのがヨーロッパモミ、そしてバイオリンやマンドリンのような楽器がトウヒやトチノキだ。ただしギターはクラシック、アコースティック、エレクトリックと種類も多く、ポピュラーなだけあって、カエデ、ワイルドチェリー、ベイマツ、クルミ、

***テングス病**（天狗巣病）　高木の上部で、茎や小枝が異常に密生して鳥の巣のようになる病気。一般に原因は菌類などの微生物。

スギ、ローズウッド、サペリ、マホガニー、黒檀など、ありとあらゆる材質が使われている。

紙パルプについては、フランスでは年間約九〇〇万トンの生産量のうち、三分の二が針葉樹、三分の一が広葉樹からなる。またケミカルパルプはモミ、トウヒ、マツなどの針葉樹、ポプラ、ヨーロッパヤマナラシなどの広葉樹を原材料とする。

紙の時代から電子データの時代に移行したといわれるいまも、世界の紙パルプ生産量は増え続けている。同様に伝統産業としての林業も、生産量自体は伸び続けてきた。スギは日本の丸太生産量で最大のシェアを占め、増減を繰り返しながらも二〇世紀より高まっている。広葉樹が国の非公式国章にもデザインされるほど（二二一ページの図7参照）、フランスは昔から林業の国でもあったわけだが、日本では秋田、富山、三重、奈良、高知の各県がスギを県の木に指定し、やはり建材以外にも幅広く利用してきた。鋸が使われるようになるよりもはるか昔から、斧の打ち込み角度によってスギを最速で伐倒する技術も知られていた。広葉樹の方は硬木とも呼ばれ、比重が高く強度の強い木が多い。線路の枕木にはナラ、ニレ、タモなどの広葉樹が使われる。木材製品と部材をどう組み合わせるかは、製材や加工のしやすさ、耐久性、強度、美観などのうち、どれを最優先するかによって決まる部分が大きい。

「適地適木」で生産された木材を「適材適所」で用いる。日仏ともに、これが多種多様な木材利用の伝統にある考え方だろう。

乾燥気候ゆえの山火事

ところでフランスの田園地帯には、「火男」という言い伝えがある。日本で「火男」といえば「ひょっとこ」と読み、祭りでおなじみのユーモラスなキャラクターが思い浮かぶ。ところがフランスの「火男」は、本当に火の化身で、人間に悪さもすれば知恵も授けるといったように、神出鬼没なことこのうえない。

暗い森蔭に、夕日が赤い光を投げかける。すると火男や赤い鉄の男が生まれ、枝から枝をつたって大きく伸び上がり、幹を折ったり、森全体を赤く染めたりする。それが山怪（やまかい）、火男の伝説だ。

これは森の住人が、ハンノキの裂けた樹幹や切り株をオレンジ色の火と見まちがえた錯覚や、ラ・ベルトヌーの森（中部アンドル県）に隕石が落ちるといった史実から生まれたものらしい。稲妻のことだったり、古い木質から出るリン酸が燃えるといった日本の「鬼火」まがいの説もある。

しかし「夕日が赤い光を投げかける」のがきっかけで現れるとされる以上、それは自然発火による森林火災だろう。つまり真夏の極度の乾燥と、日没前の強烈な西日という、悪条件が重なったところに生じる山火事である。

蒸し暑い日本の夏には考えられないことだが、フランスではよく自然発火による山火事がある。日没前の太陽は、傾き始めてからなかなか沈みきらず、ほぼ水平と感じられるような角度から鋭い西日が射してくる。そんななかで枯れ葉つきの枝と枝がぶつかったり、擦れ合ったりするのが発火原因のひとつと考えられている。

フランスには、この森林火災が発生しやすい二つの地域がある。

ひとつは地中海地域で、コルシカ、プロヴァンス、ラングドック・ルシヨン、アルデシュなどを含む。毎年、国内で確認される森林火災発生件数の五五パーセント、森林消失面積の八割がここに集中している。考えられる理由としては、夏の乾燥と森林の樹種構成（マキとガリッグ）、延焼を後押ししがちな乾燥強風ミストラル、火災予防を困難にしている地勢などがある。

もうひとつはアキテーヌ地方で、とくにジロンド、ランド、ロット＝エ＝ガロンヌの各県だが、理由としては植樹された土地の割合が四七パーセントと高く、針葉樹（ヨーロッパアカマツとフランスカイガンショウ）が多いことが挙げられる。発生件数（年間六五〇件）にくらべると、消失面積（ヌーヴェル＝アキテーヌ地域圏の森林全体の一パーセントにあたる一〇〇〇ヘクタール）の方はそう多くなかったが、二〇二二年にジロンド県を複数回襲った森林火災では二万六七二六ヘクタールが焼かれ、記録的な山火事となった。

森林火災に対して、広葉樹林は針葉樹林よりも強い。針葉樹林は樹高が高いため、上空で風に煽られやすく、消火活動も届きにくい。何より幹や枝が燃えやすい性質なので、火の手が回りやすいのだ。

もちろん森林火災は自然発火にかぎらず、不注意による火災や、放火の場合もすくなくない。これは日本でもまったく変わらず、森林火災の発生原因のうち、たき火、火遊び、タバコが約三八パーセント、放火が約八パーセントを占める。

さらに「火男」の出現は、盗伐ともかかわっている。

真冬の霧の夜、森の奥から斧を幹に打ちつける音が聞こえてくる。「薪泥棒かも知れない」と通報を受けて森林官が駆けつけると、そこには青白い刃の光だけが見える。樹木に傷はついていない。これも火男のしわざなのだという。盗伐だと思った斧の音は樹霊の導きで、じつは森を大切にするよう人々に警告している、という教訓つきだ。

現在、盗伐件数は日仏ともに年々増加傾向にある。日本では二〇一七年に「クリーンウッド法[*]」が施行され、違法伐採への対策を強化している。ただしこの法律は当初、拘束力も罰則もなかった。つまり努力義務にとどまっていた。二〇二三年二月に、罰則を設ける改正案が閣議決定されたことで、一定の拘束力はもち得たことになるが、ＥＵやオーストラリアからは日本の対応の遅さを問題視する声があがっていた。フランスでも、木材認証によってＥＵや国内規模で合法性をチェックしてはいるほか、ＥＵの貿易相手国であるカメルーン、中央アフリカ、リベリア、ガーナ、コンゴ、インドネシアなどとのあいだでボランタリー・パートナーシップ協定を結び、合法性検証に「努めている」。これは貿易相手国とのあいだで木材合法性証明システム（ＳＶＬＫ）を発効し、サプライチェーン全体にわたってチェック体制を強化するシステムである。とはいえ、こうした手続きにも抜け穴はいくらでも考えられる。日仏ともに、盗伐への対処はこれからが正念場だろう。

国有・私有・公有林に見る森の素描

土地所有別に見ると、フランスではかつて、王領と教会領の森、日本では江戸幕府の藩有林（大名

＊クリーンウッド法　「合法伐採木材等の流通及び利用の促進に関する法律」。

林)、明治期以降の御料林が主体だった。

フランスが一七九一年の法律で私有林への国の管理を廃止したため、施業管理不足の時代が長く続いたことはすでに述べた。日本では明治維新の廃藩置県(一八七一年)や地租改正(一八七三年)を経て、藩有林が国有地となっている。藩有林には入会山*も含まれていたが、国有地になってからは「入会権を認めない」という政府方針によって、入会山は一種の囲い込み状態になった。

現在、日本の国有林は地域で区分した七つの森林管理局によって管理されている。分局は廃止され、本局も一本化される傾向にある。たとえば北海道では札幌の本局を残し、旭川・北見・帯広・函館の各分局が二〇〇三年に廃止されている。

一九九九年に猛然と吹き荒れたサイクロンの直後、フランス国立森林局(ONF)では国有林管理が立ちゆかなくなった。これを機に森林行政の改革が進められている。

行政区分による所有形態別で森林を見ると、フランスは国有林が約九パーセント、私有林が約七五パーセント、公有林(地域林)が約一六パーセントを占める。日本は国有林が約三〇パーセント、私有林が約六〇パーセント、公有林が約一〇パーセント(図34)。日本では私有林と公有林を合わせて民有林と呼んでいる。

フランスの森林面積は過去二〇〇年近く拡大し続けてきた。とくに中央山塊とブルターニュ地方では、毎年五万ヘクタールの植林がおこなわれてきた。だが二〇一〇年からは、増加量そのものは徐々に落ち着きを見せている。

こうした区分と並行して保安林もあり、日仏ともにその内容は森林法で規定されている。水源涵養、

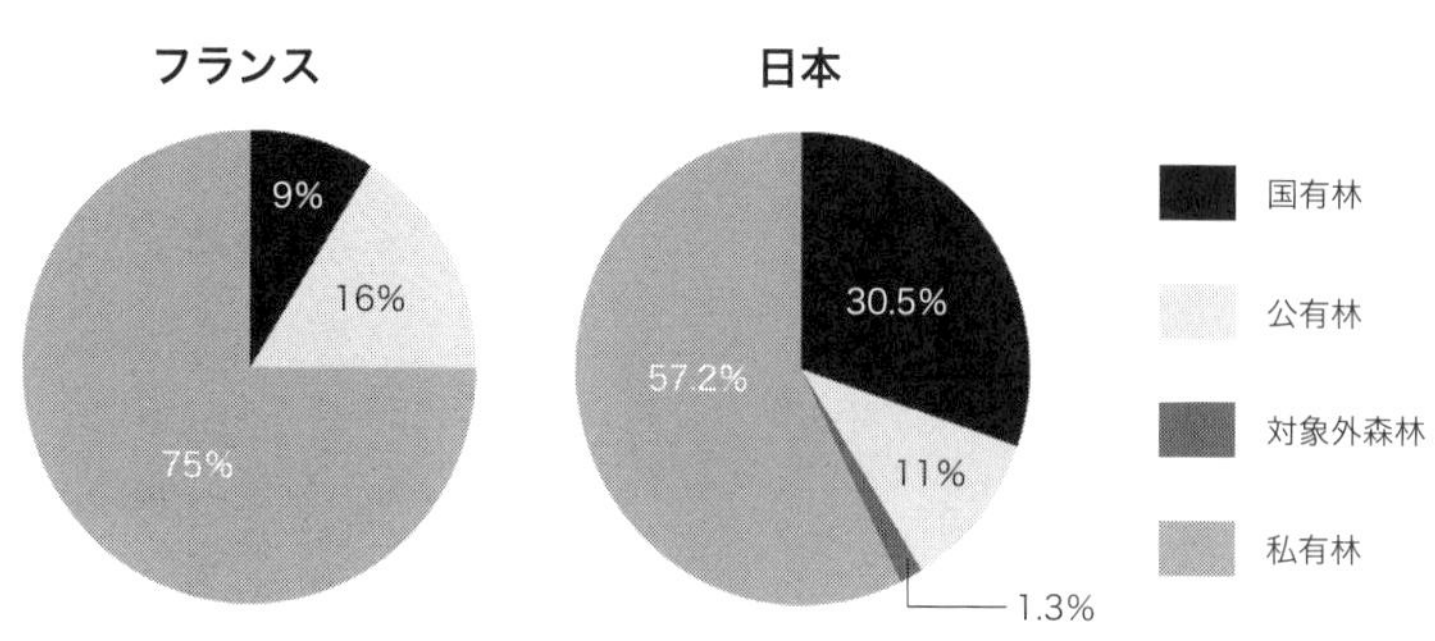

図 34　所有面積別による日仏の森林経営比較（2012 年）

災害防止、水辺の保護などといった機能や、標高八〇〇メートル以上の高地といった地理的基準にしたがって行政が指定し、保有している森林である。また生産林のなかにも、保安林の機能を有している樹林はもちろん多い。

保安林で規制されている活動は、入会権の行使、放牧、開墾、土砂の採掘、鉱物採集、工事などだが、私有林のなかの保安林を伐採する場合については、伐採位置、伐採方法、伐採面積、伐採量、伐採年といった「経営案」を明確にして、所有者が行政に報告する義務がある。ただし、枯死して倒木の危険のある木については、どんな許可も必要としない。

とはいえ、樹木というのはどの部分もすみからすみまで活性しているというわけではなく、幹の木部のほとんどは細胞が空洞化している。さかんに増殖しているのは、形成層と辺材の柔細胞だけだ。それが確認できれば、どんな古木ももちろん生きているといえる。公共の土地の大木を伐採する理由として、倒木の危険を

＊入会山　地域の住民が林産物を共同で採取できるように取り決められた山。領主への軽い租税を課されるのが通例。

挙げることがよくあるが、本当に枯死した木なのかどうかは、樹木医の診断を要する。

日仏でシンクロしていた破壊と再生の歴史

ところで日仏間では、太古から現代にいたるまでの森林の破壊と再生のプロセスに、意外と多くの共通点が見られる。大きな流れにおいてはシンクロしていたといってもいい。

そこで一度、「採取林業」「育成林業」という観点から両者の歩みをくらべておこう。

まずは太古の「採取林業」の時代。はじめのうちは「採取」でも、規模が大きくなると「略奪」になる。ガリアの豊富な森林資源がローマ帝国に収奪されていた頃、日本では大陸から大規模建築の技術が伝わり、東大寺や平安京の造営といった国家プロジェクトに膨大な木材が消費されていた。

開墾が奨励され始めたのもおなじ頃で、シャルルマーニュの王国御料地令と聖武天皇の墾田永年私財法は、ともに八世紀である。林地の伐採を制限するため、領主たちが土地を囲い込む動きも日仏共通に見られたが、開発がピークを過ぎると、こうした「消極的管理」による森林保護の動きもともに衰えていった。

不規則に変動しながら着実に増えていく伐採に勅令で歯止めをかけたプロセスも、日仏のあいだで同期していた。端麗王フィリップが勅令で水・森林管理官を設けた一三世紀に、鎌倉時代の日本では木炭のための広葉樹、建材のための針葉樹の伐採が、かつてないほど激化していた。それまでの伐採地での採取だけでは追いつかず、奥山からの木材搬出が増えたことで、輸送費がかさみ、木材価格にはね返った。一二五三年、鎌倉幕府は木炭と薪の価格基準を定めるとともに、寸足らずの木材を販売しないように警告するなど、ようやく危機への対応に向かい始めた。

この採取林業の時代、技術的には伐倒、割り、測定、印付け、角仕立て、鋸引き、切断、仕上げといった伝統的な工程が守られたため、用材をより効率的に生産・利用するための技術革新は見られなかった。

「育成林業」へのターニングポイントとなったのは、日仏ともに一七世紀である。フランスで船舶用材のかつてない需要のため山林が大打撃を受け、日本では戦国大名たちによる所領内の乱伐で全国的な森林荒廃が続いたあとだった。

一大木材消費地の畿内、徳川家に屋根ぶき用の木材を供給していた信濃の松本藩、屋根板材としての最高のサワラを量産していた天竜川流域など、全国各地で森林枯渇が続いた。江戸時代の森林管理は、藩・商人・村人の三者の役割分担を特徴とする。まだそのシステムが確立されていない頃には、森林の枯渇による生産コストの増大で、藩から伐木事業を請け負った商人が撤退し、長い若木と小径の丸太を買いつける籠屋（「乗り物屋」と呼ばれた）だけが伐採事業に残ったというエピソードもある。

このときの林政改革は、日仏ともに中央の統制力が強化された結果だった。一六六九年のコルベールによる森林大勅令と、徳川幕藩体制下での伐採禁止・新田開発抑制・植林奨励は、ともに育成林業への転換を示すものである。寛文・宝永年間には木曽ヒノキの育苗がさかんになり、慶安三年（一六五〇年）には桑名藩主・松平定綱によって「一本伐ったら千本植えよ」の督促が発令された。

徳川幕府が、御留木（おとめぎ）・御留山（おとめやま）*を諸藩領主の管理下に置いた取り組みは、のちにドイツの影響下で組織化される「保続林業」のさきがけともいえる。尾張藩の木曽ヒノキ、秋田藩の秋田スギ、津軽藩の青森ヒバは、御留山での禁伐や天然更新が進められた樹種の代表である。また川岸に木を植えて土砂の流出を防ぐ「諸国山川掟（しょこくさんせんのおきて）」も発令された。

ただし木材採取を禁止された農民たちは、生活に困窮することとなる。これもブルボン朝での森林大勅令がもっぱら諸侯だけの富に資していたのと共通している。

さらに一八世紀後半には、フランスで人工造林が本格化する。おなじみのランド地方における大規模な砂防林や、ジュラ山脈のヨーロッパモミである。日本ではまだ初歩的なものだったが、苗木植林のためにスギの「上方苗（かみかたなえ）」（近畿地方で生産）が全国規模で流通したり、ヒノキ、カラマツ、スギなどの挿し木による植林が各地に見られたりした。

このように日仏の森林管理が似たような歩みをたどりやすいのは、国土の規模と政治体制にその理由がありそうだ。古代文明の時代から多くの民族を統合してきた中国や、近代に建国されて「連邦制」という州の統合による行政機構で成り立ってきたアメリカとくらべるとよくわかる。

たとえば中国の森林史*については、①文明が安定している段階（周、後漢、唐後期など）、②不安定化の段階（春秋、三国～晋、五代など）、③混乱のなかから新たな文明を担う可能性のある勢力が複数生まれ、覇権を争う段階（戦国、南北朝、北宋～南宋など）、④覇権を握った勢力が全体を統合する段階（秦～前漢、隋～唐前期、元など）という四つの段階によって、「離合集散」ならぬ「合散離集」のサイクルが形成されたという考え方がある。そこでは森林もこの①～④のサイクルに沿って、破壊と再生を繰り返すという生態史観に組み入れられる。

アメリカの場合、イギリスの植民地だった一七〜一八世紀の林業に始まり、一九世紀の「ランバーフロンティア（ティンバーフロンティア）の西漸運動*」による爆発的な木材生産の増大、さらには現在まで続く育成林業の展開にいたるまで、多様をきわめる州の独立性が林業にも反映されている。また所有形態は、ロッキー山脈・太平洋岸地域のある西側が国有・州有林、北部・南部が私有林といった構造である。

途方もないスケールをもつこのような大所帯の国々とくらべて、日仏の場合は地理的・民族的に見て著しい分散がなく、中央政府による規制や奨励策が各地域にいきわたりやすかった。林業技術の普及や方向転換も共有しやすい、コンパクトな行政機構だったといえる。

薪炭つながり——製塩から線香花火まで

照葉樹国ニッポンと、広葉樹国フランス。

＊御林・御留木・御留山　領主の直轄林である御林のうち、伐採が禁じられた木を御留木、住民の立ち入りが禁じられた林分を御留山といった。
＊中国の森林史　『森と緑の中国史——エコロジカル・ヒストリーの試み』（上田信著、岩波書店）を参照した。
＊西漸運動　アメリカで植民者たちが東部から西方へ開拓・移住し、やがて太平洋岸まで到達した動きをいう。イギリス植民地の時代から一九世紀末まで続いた。

すでに見たように、日仏は一次林の植生にも共通点が多い。そのため、林業技術も東と西の隔たりを超えて似通ったものがあった。たとえば、フランスで薪炭生産にもっとも多く用いられていた萌芽更新は、日本でもクヌギ、カシ、ナラなどの林で古くからおこなわれていた。クヌギ材の佐倉炭や池田炭は黒炭、ウバメガシ材の備長炭は白炭と呼ばれ、どちらも一〇年から二〇年の伐期で収穫できた。また徳島県には樵木(こりき)林業という林業方式があり、これはウバメガシやシイなどの照葉樹林を択伐矮林更新法*で育て、薪炭材を生産するというものである。

樹脂(松脂)を多く含むマツも勢いよく燃えるので、薪としてよく用いられてきた。淡路島には歌枕として知られる松帆の浦がある。ここにはマツの薪で海藻を焼き、それを海水に溶かしては煮詰めて、「藻塩」を精製したという製塩跡がいまも残っている。

来ぬ人をまつほの浦の夕凪に焼くや藻塩の身も焦がれつつ

『小倉百人一首』のなかで、編纂者であり一〇〇人の歌人のひとりである権中納言定家(藤原定家)は、恋人を待つ胸中を、海女(あま)がじりじりと焼き焦がしてつくる藻塩のイメージに重ね合わせてこう詠んだ。そして一〇〇首中の結びに近い九七首目にこの歌を配置している。映画でいえばエンディングシーンに近い重要な位置にこの歌を置いたのは、山林と海浜が響き合う日本風景のプロトタイプが詠まれているからではないだろうか。

フランスで製塩業といえば、世界遺産にもなっているブルゴーニュ＝フランシュ＝コンテ地域圏のアル・ケ・スナン王立製塩所がよく知られている。ここには燃料用に使われる広葉樹が付近の森で伐採され、搬入されてくるシステムができあがっていた。その森が第Ⅰ編でも紹介したショーの森で、主にコナラとブナからなる広葉樹林である。薪炭が全国的に不足していた一八世紀後半に、国王ルイ一六世がショーの森に近い地の利を生かして築いたこの製塩所は、一八九五年に操業停止となるまで、塩税（ガベル）を通じて国庫収入に貢献していた。

さらに夏のゆうべの風物詩、線香花火にも日仏の接点がある。日本でこの線香花火を発光させるのに使われてきた黒い炭粉は、原料に松脂を含んでいる。幽玄な燦(きら)めきをちりばめる線香花火のミクロコスモスは、フランス人の感性にも強く訴えかけるものがあった。一九世紀のイラストレーターで花火技術者のアメデ・ドゥニスが一八八二年の著書『*Feux D'Artifice*（花火）』で取り上げて以来、ヨーロッパアカマツの松脂などを用いて、フランスでも化学探究の対象と芸術を兼ねた線香花火がつくられている。

当時は美術の世界でも、浮世絵に代表される日本の画法を取り入れた「ジャポニスム」が流行していた。異類の個性をもつ者どうしが、不思議な力で惹かれ合うということがいつの世にもあるが、日仏交流にも当初からそうしたおもむきが強かった。一〇〇〇年以上の伝統をもつ日本の林業が、フランスの森づくりと木材産業から何を学ぼうとしていたか。それもここをヒントに考えることができる。

＊**択伐矮林更新法**　カシ、シイ、ウバメガシ、ツバキといった常緑広葉樹の択伐更新法。胸高直径一寸（約三・〇三センチ）以上の林木を伐採し、それ以外のものは残して萌芽更新させる方法。

西洋文明への架け橋が蘭学だけではなくなり、イギリス、フランス、ロシア、アメリカなどの制度や科学技術や文物を研究する洋学全般へと移っていった時代のことである。なかでも理数計算にもとづく合理主義の科学は、本草学者のあいだでも、土木学者や農学者たちのあいだでも、陰に陽に関心を集めていた。新しい産業技術の吸収に若き血をたぎらせる洋学者たちが、当時ドイツ林学とともに隆盛だったフランス林学に関心を向けないはずはなかった。

親仏外交路線の興亡

わが国の農林業の技術書は、古くは江戸初期に「地方書（じかたしょ）」や「農書」として、村役人や篤農家たちの手で編まれていた。

その後一八世紀からは造林書が出版されるようになり、続く一九世紀のものでは佐藤信淵（のぶひろ）や宮崎安貞などの造林書が知られている。しかしこの頃にも、林業と農業を互いに独立した産業ととらえることはなく、一体と見る向きが強かった。気候や土壌の作用に精通して荒地を耕地に変え、財を生んで国を富ませるという「開物（かいぶつ）」（「人工」を意味する中国語由来の言葉）の考え方においても、耕地と林地はひとつのものだった。

ヨーロッパ林学が導入されるようになったのは、一九世紀後半の開国から明治維新までの出来事だった。日本はその時期を経て、生産力増強に向けドイツ式林業を手本にし始めたわけだが、もし江戸幕府がもうすこし続いていたら、むしろフランス式の広葉樹林業が国策となる可能性もあっただろう。そう思わせる幻の日仏外交が、この幕末期に展開された。親仏路線を軸とする近代化構想である。それは第一五代将軍徳川慶喜と駐日フランス公使レオン・ロッシュの連携によって模索されていた（図35）。

あらましとしては次のようになる。

日仏交流の契機となったのが、第Ⅱ編でもふれたナポレオン三世と徳川慶喜のあいだの日仏修好通商条約だった。これは日本にとっては、ほかのヨーロッパ列強と結んだ通商条約とおなじく、相手国のみに有利な条項を多く含む不平等条約だったが、ともかくこれが日仏の公式な国際関係の起点となっていた。

日本と修好通商条約を結んだ米・英・露・仏が、領地や貿易への干渉という野心をもって日本に近づいてくるなか、とくに目立った動きをしたのが英仏だった。この両国は、極東進出にあたって利害が一致するところでは足並みを揃えるものの、それ以外では何かにつけて背き合っていた。最大の反目は、イギリスが倒幕側の諸勢力を味方につけたのに対して、一方のフランスは徳川幕府を支持したことである。

一八六三年、フランスの駐日公使に

図35　フランスの駐日公使レオン・ロッシュ
江戸幕府との外交路線を最後まで推し進めた。

ロッシュが就任する。ロッシュは前任者ベルクールの路線を引き継いで、幕府支持を打ち出した。一方、政権の延命を図る幕府も、ナポレオン三世による第二帝政の威光を期待してロッシュに近づく。

当時の諸派のなかには、「尊王攘夷など非現実的な妄想だ」と切り棄て、むしろ徳川政権の立て直しにより、将軍慶喜を元首とする新生統一国家を建設しようと唱える人々がいた。福沢諭吉もその一人である。ロッシュもこれに共感し、いずれにしても強固な産業・軍備基盤が不可欠と考えていた。

その政策のひとつが、フランス政府の協力で一八六五年に起工した横須賀製鉄所だった。さらにロッシュは日本の生糸の独占輸入を図って、幕府との連携をますます密にした。と同時に、イギリスとの確執はさらに深まっていった。日仏間の協力にもとづく貿易振興は、イギリスとオランダの警戒心を呼び起こしながら強まっていく。

当時の徳川幕府は、まさに死に体（レイムダック）である。なのにロッシュは、この政権になぜそこまで肩入れしたのか。

ロッシュ外交に牽引されたフランスは、対日貿易そのものの独占を目論んでいた。自国の主導で日本の殖産興業と富国強兵を支援し、極東での覇権を揺るぎないものにするという青写真を、幕藩体制崩壊の時期になってもなお描いていたのである。

ところで、当時の製鉄業に石炭と並んで使われていた木炭や、養蚕に不可欠だったクワの木は、いうまでもなく林業の維持と切り離すことができない。窯業もまたしかりで、一〇〇〇度の熱で焼成するレンガには、上質な木炭が必要とされていた。さらに燃材だけではなく、建築用材としてもこの時期に需要が高まったのが広葉樹だった。

広葉樹には、針葉樹とは違った伐木技術も必要になる。幹が縦に裂け上がるのを防ぐため、念入りに重心を見さだめ、木の倒れようとする力をギリギリまで抑えて伐り倒すのである。伝統ではすぐれた伐倒の技をもっていたわが国も、機械化された近代林業でこれを効率よくやるには、また別の熟練を要した。すでに産業革命を経ていたフランスの広葉樹林業から見習うべき暗黙知が、すくなからずあったはずである。

フランス国内では、一八六一年に林学書『森林監理官の実践的手引きと便宜（*Guide Pratique et l'Usage des Gardes Forestiers*）』も出版されており、実際この時期にフランス政府から幕府にもたらされた林学の資料も多かった。

一八六七年に幕府からロッシュに宛てられた近代化のための諮問事項には、「金・銀・銅・鉄・鉛・アンモニアの開発方法」や「ロシア・サハリンの境界」といった鉱物資源関係についての質問事項が多数見られるが、林業についてもおなじく、フランスに技術的諮問をおこなっていたと思われる。ちょうどその年、パリ万国博覧会が開催されたフランスでは、皇帝ナポレオン三世宛てに慶喜からの国書が届けられている。

大政奉還はその翌年だった。ロッシュは慶喜と最後の会見をし、幕府の支援を続ける旨を約したが、これは本国からの命令に反していた。外交巧者のイギリスが結局は勝利し、フランスは事実上敗北を喫した。駐日公使を解任されたロッシュは帰国し、ここに江戸末期の親仏路線外交も終わりを告げた。

一説ではこの年、横浜港に到着した一艘のフランス船に、日本向けの林業機材一式が積み込まれていたという。崩壊した慶喜―ロッシュ外交の置きみやげである。しかし機材の種類や、その後のゆくえはわからない。この激動の数年間には、堺事件*のような生木を引き裂く軋轢もあり、日仏外交にかつてのような蜜月はもうやってこなかった。

ロッシュがなおも描いていた未来図どおり、新政権が引き続きフランスとの交流も続けながら慎重に近代化を進めていたなら、貴重な林業機材や林政資料がお蔵入りや消息不明となることもなかっただろう。適地適木の原則、異齢混交の複層林、ヨーロッパ随一の森林法典、そして「自然を模倣せよ」の教訓——フランス広葉樹林業は、自国の環境条件に逆らわない方法をねばり強く、柔軟に追い続けていた。こうした姿勢や所産を積極的に取り入れていれば、その後わが国の国有林がたどる運命も大きく変わっていたのではないだろうか。

欧州使節団から始まった「針葉樹一択」

それからの約一世紀は、日本とフランスの林業がたもとを分かった時代である。

大航海時代以来、「世界の一体化」でもろもろの産業技術が東西融合してきたにもかかわらず、一九世紀末からの一世紀だけは、日仏のあいだで林業の方法に異なる歩みが見られた。

もはやそれを超えて二〇世紀末ともなれば、環境造林に向けた地球規模の大合唱が湧き起こり、木材の生産方式やサプライチェーンも、その是非はさておきグローバル化してくるので、両国の歩みはふたたびシンクロしてくる。

ということはつまり、日仏の森と林業の歩みを長期的スパンでとらえた場合、互いのあいだに目立って大きなギャップが生じるのは、やはり一九世紀後半〜二〇世紀後半の一世紀間だけなのである。

それは「国家百年の大計」に位置づけられる林業という産業を、日仏がそれぞれ近代化推進の支柱に据えた結果でもあった。この時期にフランスは、ドイツ林業の影響を脱し、当初は異端とされた照査法のような独自の方式も生み落としながら、現代広葉樹林業への地歩を着実に固めていった。その経緯については前編で述べたとおりである。比較のため、ここではおなじ時期の日本を見ていくことにしよう。

近代日本が採用した、大面積の一斉植樹による針葉樹偏重型の国有林経営については、とかく批判が多い。だが、それがいつから始まったものなのか、どんな選択にもとづいていたのかとなると、あまり知られていないようである。

きっかけは維新政府が明治四年（一八七一）に欧米へ派遣した遣外使節団だった。

このミッションに参加した岩倉具視、大久保利通、木戸孝允らは、明治五年（一八七二）にベルリンを訪れ、官命でエーベルスバルデの高等林業学校に留学していた松野礀に林政事情を尋ねた。当時のドイツでは、すでにトウヒによる人工造林が、ヨーロッパ随一の規模を誇っていた。松野はシュ

＊**堺事件**　一八六八年、和泉国（現在の大阪府南部）の堺港で土佐藩士がフランス帝国水兵を銃撃、または海に落とすなどして、計一一名を死亡させた事件。裁判で死刑宣告された二〇名の藩士の一名が、切腹の際にフランス側を一喝し、傷口から腸を引き出しながら彼らを睨みつけるという凄惨な事態となり、処刑はフランス側の要請によって一一名で中止。この経緯は森鷗外著『境事件』などにも記されている。

ヴァルツヴァルトで視察した法正林の印象も含め、ドイツにおける森林管理と林政のあり方を使節団に報告した。

法正林は、林業家J・H・フンデスハーゲンが提唱した林業理論の体系である。それは材積法にもとづいて、毎年成長した分だけを伐採し、植栽するというもので、その管理法は「森林経理学」と呼ばれた。ただし経理といっても、経済計算がメインではなく、組織立った持続的な木材収穫のためのスキームであったことからこう名づけられていた。

整然と秩序を保ち、しかも威風堂々たる身の丈と重量感を誇る人工林は、圧倒的な国力の源泉として、視察団の記憶に焼きついた。むろんそれだけではなく、折からの製鉄ブームもドイツ産業の隆盛を予期させた。

そしてこのベルリン行きの際、彼ら一行は宰相ビスマルクの官邸にも招かれ、普仏戦争に勝利して意気上がるビスマルクの口上に耳を傾けていた。非力で貧しかった小国プロシアが、荒廃し分散していた国土を統一し、ついにはヨーロッパ列強国家ドイツ帝国としての地歩を固め始めている。ビスマルクはそれを強調した。そしてプロシアとおなじ小国の日本にとって、富国強兵がいかに大事かを滔々と説いたのである。

エーベルスバルデで脳裡に焼きつけられた法正林の見事さに加えて、このときのビスマルクの熱弁が一行の心を動かした。と同時に、殖産興業の牽引力ともなり得る針葉樹の高林こそ、欧州視察で彼らが得た確固たる建国ヴィジョンのひとつとなった。

じつをいえば、英米やフランスのような大国の背中を追う考えなど、初めから視察団一行にはなかった。これら列強の圧力に屈して開国させられ、不平等条約を結ばされていた当時の日本からしてみれば、おなじく不利な立場から身を起こして国家体制をまとめ上げたプロシアこそが、何よりの率先垂範例だった。

とりわけそれを強く感じていたのが、大久保利通だった（図36）。彼の生涯を知る人からすれば、想像に難くないだろう。郷里の薩摩では、藩主のお家騒動から父親が鬼界ヶ島に流され、一家が生活の困苦を舐めた経験がある。その後、攘夷派の攻撃を受けて薩摩藩が混迷におちいった顛末もある。しっかりした国民生活の基盤や、統一国家体制の必要性について、誰よりも知悉し痛感していたのはこの大久保だった。

図36　大久保利通
プロシア視察で骨格をつかんだ針葉樹の高林による林業振興を国策として建議した。

「小国のプロシアでも、富国強兵によって世界の一等国にのし上がった。あなた方日本人にもできないはずはない」

ビスマルクのこの鼓舞が、いかにもドイツらしく規律と統一を重んじる針葉樹林の心象風景とワンセットになって、大久保をとらえていた。

明治七年（一八七四）に提出されたいわゆる「大久保建白書」*では、このベルリンで骨格をつかんだとされる体系的な林政の考え方が打ち出された。またそれは、一八九七年に公布されたわが国最初の「森林法」へと受け継がれていく。さらに一八九九年から二三年間続いた「国有林野特別経営事業」では、国有林を売却した資金で植林をするなど、法令にもとづく全国的な森林整備が本格的におこなわれるようになった。

かたや大国でありながら普仏戦争で「敗戦国」となったフランスの影響力は、もはや鳴りをひそめてしまっていた。

有能すぎた日本のスギ

ところが、こうしてもたらされたドイツ式林業は当時まだ過渡期の技術段階にあった。

フランスの近代林業が、初期のナンシー国立林業学校で導入されたドイツの一斉林の画一性と不適応性に対する不満から始まっていたことからもわかるように、ドイツ林業については予測不能な環境変化に対する適応力が、まだまだ十分に検証されていなかった。フランスの照査法に対して、一斉林の推進派から不当に向けられた「自然林業ではない」という批判も、もとをただせば彼らの模範としたドイツ法正林にこそ向けられていたのである。

トウヒは根が浅く、病害虫にも弱い。一次林を皆伐し、このトウヒを一斉植樹したことによって、洪水が頻発したり、ひとつの林分が全滅したりする被害も生じていた。さらにドイツでトウヒの一斉植樹がおこなわれていた土地のうち、冷温帯で一次林が落葉広葉樹林だった林地では、同齢一斉林に変えたことが原因で地力が低下していた。

しかしプロシアを模範とし、アングロサクソンの政治や産業を吸収する方向へ舵を切っていた当時のわが国は、そんな事情を知る由もない。しかもドイツトウヒの代わりにスギを採用したことで、当初は目覚ましい成果を挙げてもいた。

古来、日本では針葉樹林のなかにもブナ、ミズナラ、クリ、サクラ、ミズメといった広葉樹が自然に混在していた。しかしこの明治期以降、日本の林政は彼我の気候的・地理的な違いを十分にかえりみないまま、ドイツ林業の失策や改悪までも丸抱えで取り込んでしまうことになる。それどころか、ドイツでは二次林にブナなどの広葉樹を植える複層林の取り組みもおこなわれていたが、日本では一〇年、二〇年と年代を追うごとに針葉樹一択、それもスギやヒノキを偏重する傾向が強まった。産業用材としてのスギは、トウヒや広葉樹よりもはるかに利点が多かった。害虫や花粉症による被害も、まだ顕在化していない時代だった。

つまり明治政府が針葉樹への依存を強めたのは、ドイツ林業の影響が最大の理由だったが、加えてもうひとつあった。日本の在来種であるスギが、産業用材としてはドイツトウヒをしのぐもので、ドイツ式林業以上のポテンシャリティを感じさせたせいだ。良質材と呼ばれる針葉樹のなかでも、日本のスギは有能すぎたのである。

＊大久保建白書　大久保が内務卿として提出した「内政整備と殖産興業に関する建議書」。

日仏の明暗を分けた拡大造林

その結果、一八九七年の森林法で初の国有林指定を受けてから今日までの約一三〇年で、日本の国有林は次のような紆余曲折をたどった。

①小面積皆伐人工造林（明治～大正）
②択伐天然更新（昭和初期～第二次大戦期）
③大面積皆伐人工造林（終戦後～平成初期）
④国有林改革（平成一一年～現在）

このうち①の小面積皆伐人工造林は、在来のやり方として江戸時代から藩林でおこなわれていた。それがドイツ式林業を手本に全国的な導入にいたり、針葉樹の量産体制を固める動きが、日清・日露戦争による木材需要のヒートアップで勢いづいた。しかし戦時供給のための過剰な伐採によって、明治末期にはすでに森林が荒廃し始めていた。

②の択伐天然更新は、当時ドイツで新たに始まった自然模倣型の林業で、立木を一本一本、樹群の一つひとつを抜き出して伐る方法である。しかしこれはすでに述べた笹藪が天然更新の障害になるなどの理由によって、日本への導入は難しかった。先ほどの「改悪」とはこのことである。

ただし日本では、江戸期の藩林以後の皆伐と再造林によって、すでに土壌の劣化が進んでもいた。

木曽谷の奥地の三浦(みうれ)御料林のように、最後まで天然更新に抵抗しながらも、ポドゾル化が原因でやむなく天然更新に切り替えられる国有林もあった。

③の戦後の大面積皆伐人工造林は、建築用やパルプ用の木材需要が空前の高まりを見せるなか、昭和三二年（一九五七）の「国有林生産力増強計画」と三六年（一九六一）の「国有林木材増産計画」で打ち出された、いわゆる「拡大造林」である（図37）。密度管理図に従って、目標とする直径の木材を生産するための施業計画が立てられた。ところが地ごしらえ、植栽、下刈り、除伐、枝打ち、間伐、本伐といった施業をきめ細かく実践できる林業家はすくなく、国有林は次第に管理不足におちいっていった。大規模に単一植樹されたスギが、倒木、土壌流出、花粉被害といった今日の問題に直接つながっている。また広葉樹に関しては、燃料が化石燃料全盛の時代を迎えたために薪炭林としての用途が薄れてきた。薪炭林は「低質広葉樹林」と呼ばれるようになり、針葉樹林への林種転換が進められた。その一方、広葉樹材パルプ需要を満たすため外材の輸入が本格化し始めた。

高度経済成長のこの時代、ブナの美林は次々とスギ林に転換された。作業方法は手鋸からチェーンソーへ、林道は森林鉄道や木馬から自動車道へと変化。輸入木材の影響もあり、国産材価格は長らく低迷することになったため、国有林野事業特別会計は黒字から赤字に転じた。それにともなう育林技術者の不足によって、間伐などの施業をせずに放置される国有林がますます増える。

この状況は「森林崩壊」として知られる。花粉症の問題とも絡んで、スギが目の敵にされやすいが、もちろんスギを植えたこと自体に問題があったわけではない。予測不能な影響を想像することなく単一種に頼りすぎたことが、生態系のレジリエンスの考え方にも、環境問題の予防原則にも反していた

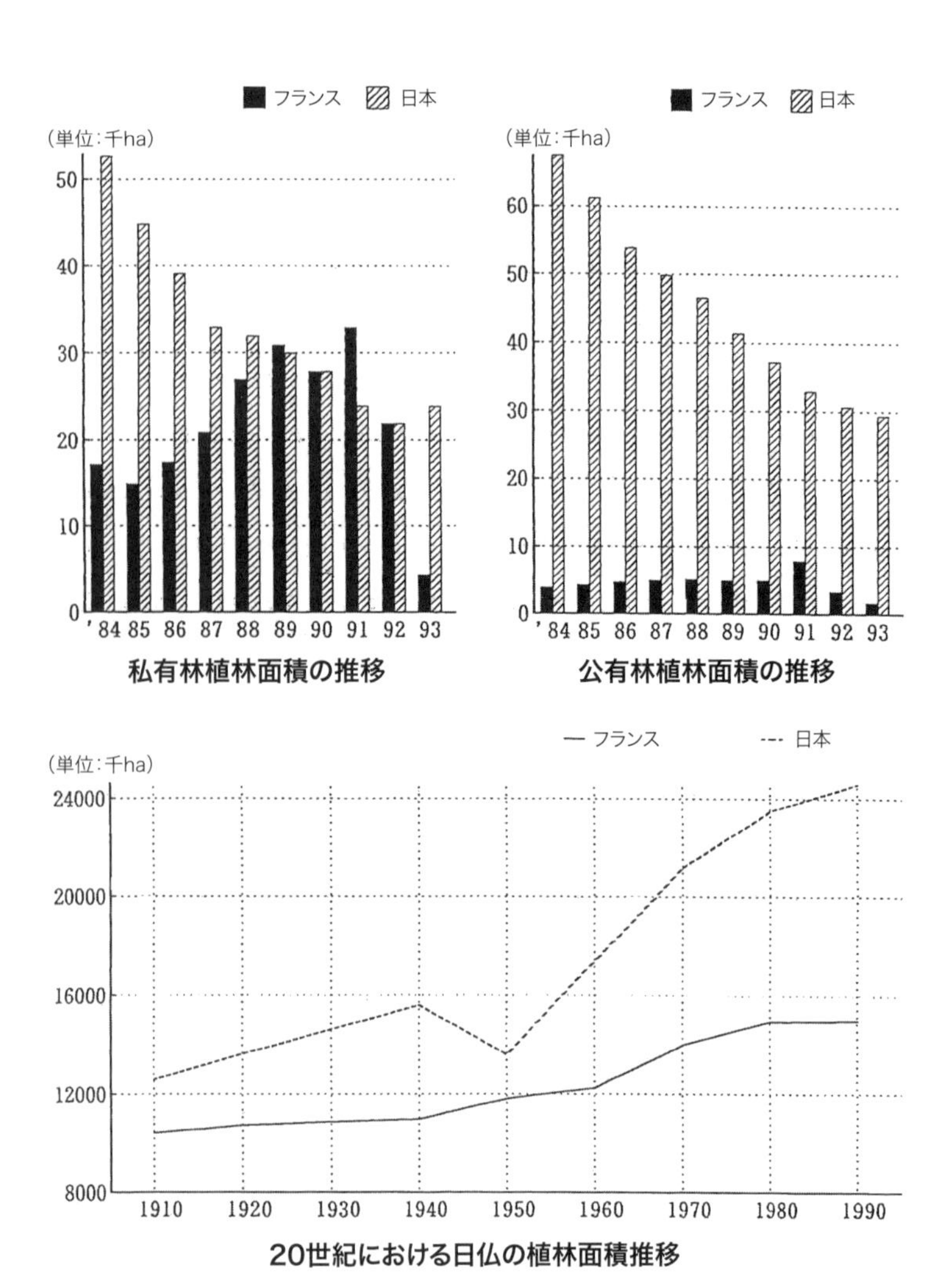

図 37 日仏の植林面積の推移
日本が大戦期の森林荒廃、戦後の拡大造林、1980～1990 年代の国産材需要低下を反映しているのに対して、フランスはつねに一定割合で森林面積を増やしながら、私有林と公有林に較差が見られる。

のである。

④は行き詰まった国有林経営の打開策として、平成一一年（一九九九）に始まった抜本改革の時代といえる。三・八兆円の累積債務のうち、二・八兆円を一般会計からの繰り越しで返済し、残る一兆円を国有林事業によって五〇年で返済することになった。特別会計にともなう独立採算性の呪縛を解かれ、森林機能の重点も、従来の木材生産から水源涵養や生態系維持へとシフトした。さらに民有林を主体とする地域林業が急激な木材価格変動にぶつかっても対応できるように、国有林を利用して供給を調整するなど、官民一体の持続可能な林業が模索されるようになった。

しかし「森林崩壊」の危機はまだ続いている。さしあたり、外材依存を脱するために木材の自給率を高めることが最大の課題とされるが、林業人材の払底で、これも前途多難である。戦後の大規模造林で育った樹木が伐期を迎え、「二一世紀は国産材の時代」といわれてきたが、ただでさえ若年労働者の数が目減りの一途をたどってきたのに加え、俗にいう「三K労働」と見られやすい林業の人気は一切変わらず落ち目にある。

パリに本部のある経済開発協力機構（ＯＥＣＤ）の資料によると、国内の木材備蓄量に対する年間伐採量は日本が〇・五三パーセントなのに対し、フランスでは約四倍の二パーセントを上回っている。丸太生産量で見ると、フランスでは一九四五年から一九八〇年のあいだに三倍に増えたが、日本ではおなじ時期に上昇から下降に転じた。数字で見る林業の趨勢は、わが国の場合は経済成長の歩みに反していた。

ざっとこのような経過をたどり、日仏の近代林業は多様性の有無をティッピングポイントとして明暗を分けている。

ふたつの教訓――「放置私有林」と「荒廃国有林」

もちろん放置林や外材依存といった問題は日本だけでなく、フランスもまったく同様に抱えている。ただ、紆余曲折しながらも適地適木をつらぬき、結果的に多様性やサスティナビリティの点で一頭地を抜いたフランス林業にくらべ、やはり日本林業の躓(つまず)きは、明治期以来、産業振興を急ぐあまりの針葉樹偏重にあった。

さらに痛かったのは、天然更新が国土にそぐわないと見るや、戦後に一層大規模な造林へ針路を向け変えるという、二度目の失策だった。これが決定的なトリガーとなり、伐期に達した森は十分あるのに施業管理不足で良材が育たず、国産材と森林自体の品質低下を招く結果になった。

日本の森林施業にかかるコストは他の先進国よりも高いことや、国有林事業が一九九〇年代末まで特別会計でまかなわれてきたことなど、その理由はいくつか指摘されている。採算性が低いために就業者が足りなくなり、経営と森林管理の弱体化が進んで赤字に追い打ちをかける。都道府県の所有林とおなじく、国有林も地方自治体に管理を委ねればいいという提案もあるが、赤字の付け回しに終わることへの危惧もまた一方にあった。

地方分権法で自治体のイニシアティブが復権したフランスでは、国有林の管理が各県にも委託されている。ただしフランスでいう「公有林」のカテゴリーは、地方自治体に管理を委託しているという理由で国有林を含む場合や、日本でいう「民有林」にあたる（すなわち私有林と地方自治体の森林を含んでいる）場合もあり、単純な比較はできない。

「適正技術で木材が収穫されれば、森林の世代更新につながります。また逆に、人手が加わらず放置された森林は、下草や寄生植物などに覆われ、木質の著しく低下した荒廃林となってしまいます」

これは三〇年近くも前、ONFの広報に書かれていた一文だ。小・中学生にも配布されていた一般向けのパンフレットにまで、あえてこうしたテクニカルノートが刷り込まれていた。

これもすでに述べた「放置私有林」から得られた教訓である。草刈り・枝打ち・間伐といった林業の基本的な作業の継続が、持続可能な林業にとっていかに大切かを示している。さらには林業という就職分野への若い関心を惹きつけるため、生態系管理への知的インセンティブを向上させるという目的も兼ねていた。

日本はこうした努力を「荒廃国有林」に対して十分におこなってきただろうか。

林野庁が「緑の雇用」の一環として毎年説明会をおこない、全国での人材リクルートに力を入れていることは評価できる。しかし本当に林業人材を増やすためには、高齢者も含めた知的労働者を取り込むための機構改革も必要だろう。多様な能力をもった人材が林業を動かせるように、受け皿と裾野をもっと広げるべきだ。たとえばＡＩ化やロボット化の時代にも対応できる知識集約産業としての雇用や、世界的な気候変動にともなう森林生態系と林業の実態をモニタリングできる調査研究体制を拡充すべきである。新しい人材は世代を問わず、知的満足度やクリエイティビティのある仕事にしか集まらないと考えた方がいい。

よくいわれる「安い外材に市場を奪われて国産材が売れない」との見方も、ウッドショック*が叫ばれる昨今では通用しにくくなっている。そもそも為替相場の推移や景気変動に左右される外材との価格競争というもの自体、品質も考慮したうえでの適切な検証を経ているわけではない。高品質でブランド力も高めた競争優位性があれば、国産材は価格にかかわらず売れるし、それを実証している国内の林業家たちもいる。要は各地域の林業が本来もっている強みを十分発揮できるように、官民一体のマーケティングをやれるかどうかである。

農業には「身土不二」という言葉がある。人間の身体と土は、密接な相関関係があるため、切り離して考えることはできない。そのため、自分の生活する土地で採れた食物こそが、栄養の吸収にも健康維持にもいちばん適しているという考え方だ。また作り手側、たとえば篤農家と呼ばれる人々の農作業も、土地に固有の条件に合った作業を繰り返し規則正しく励行しているのみ、という場合が多い。

このような地産地消のメリットは、木材にもあてはめることができる。つまり地元で育った木材は、その地域の気候に適応しているため、平均含水率*や保温性の面で、他地域の木材よりも耐久性があり、また防虫効果も高い。昔から、地元の木で建てた家は長持ちするといわれているゆえんだ。さらに流通プロセスで排出されるCO_2の量も、地元の木材であれば移動距離が短い分だけすくなくなるし、地域の活性化や雇用促進につながり、社会経済を計画的に回しやすい。こうしたことに着目して「地産地建」を掲げている民間企業の取り組みを、地域林業の推進力に据えていく必要もある。

二一世紀の林業転換

フランスの森林の特徴は、林種傾向の推移にも見られる。二〇世紀を通じて、広葉樹高林が二倍近くに増え、針葉樹高林は横這い、混交林の低林も横這い、単一樹種の低林が半減した。

一方、日本の特徴は樹齢別に見た人工林と天然林の比率の推移だ。人工林は二五〜三〇年を面積のピーク、天然林では三五〜四〇年をピークとして、以後はどちらも徐々に減ってくる。樹齢八一年以上の天然林が多いのは、保安林などで保護されている高齢樹数の累計である。

樹種別に見ると、フランスはすでに述べたように、広葉樹が約七割、日本は広葉樹が約五割を占める。森林面積は測定する機関によって定義も違っているので、数字では比較しきれないが、フランスの特徴としては混交林が多く、林地以外で森林にカウントされる緑地（公園、広場など）が多い。日本でも混交林の割合は増えている。また、スギ花粉対策として、都市部周辺で花粉を飛散させるスギを伐採利用し、広葉樹に植え替えるといった施策もおこなわれている。

一本一本の木材とおなじく、森林にもそれぞれに明確な役割がある。日本の場合、機能類型で分類した経営管理方法は、次のようになっている。

＊ウッドショック　国際的な建材ニーズの増大や木材需給の逼迫により、木材価格の高騰や納期の遅延などが発生する状況。二〇二一年に米国から発生したもので、コロナ禍の鎮静化にともなって収束すると見られていたが、木材供給のリスクはその後も続いている。

＊含水率　木材の場合の含水率は、木材の乾燥重量に対する水の重量の割合。

①山地災害防止タイプ
②自然維持タイプ
③森林空間利用タイプ
④快適環境形成タイプ
⑤水源涵養タイプ

「自然維持タイプ」には、保安林の目的と重なるところもある。

これら五つの分類には「木材生産」というタイプがないが、初めから木材生産の目的で管理するのではなく、①から⑤の森林をそれぞれの目的に応じて適切に管理するなかで、結果として生じる木材を計画的に産出するものとされている。二〇二三年に新たに決定された「全国森林計画」[*]による計画伐採量は、立木材積の合計約八八八百万立方メートル（うち主伐が五四四百万、間伐が三四四百万）となっている。

二一世紀の林業転換でもっとも重視されているのは、森林の公益的機能を高めることである。公益的機能について日仏で筆頭に挙げられているのは、地球温暖化対策としてCO_2の森林吸収量でパリ協定の目標値を達成することだ。二〇三〇年までに日本は二六パーセント（二〇一三年度比）、フランスは四〇パーセント（一九九〇年比）の温室効果ガス削減である。

これについていえることは、生産林では伐採量を減らしてはいけないということだ。というよりも、減らさなくとも済むように管理していかなければならない。伐採量が減ると、高齢林の割合が相対的に多くなり、結果としてCO_2吸収量が減る。主伐後の再造林が進んでいない日本の現状がこれにあたる。植林で苗を根づかせるには、一本一本を機械ではなく人の手でおこなう必要があるため、作業人員も不足しがちである。半面、伐採と違って専門の機器を扱う必要がないので、副業者を雇用することもできる。一定期間の季節雇用で人手をまかなうことも可能だ。

すでにこの方式を導入し、民間の「植林サポーターズ*」を養成し、活用している企業もある。今後はこのように積極的な人材育成と雇用促進が期待される。

「環境知性（エコゾフィー）」をはぐくむ現代の森づくり

フランスの林業人材育成については、農林水産省直属でナンシーにある「地方水源・森林管理技術学校」（ＥＮＧＲＥＦ）をはじめとした林業技術者養成機関がある。就職口としては、国立森林局（ＯＮＦ）や国家林業基金（ＦＦＮ）が主流だが、プロヴァンス地方に多い山火事や、マツクイムシ、倒木といった森林被害の種類に応じて、それぞれの対策を分担する実施機関が各地に設けられるなど、雇用の受け皿はほぼ整っている。

＊全国森林計画　森林法の規定にもとづき、森林・林業基本計画に即して、一五年を一期とする計画期間で五年ごとに作成する森林計画。伐採する立木の体積や造林面積などを定める。

＊植林サポーターズ　季節雇用による副業者として植林に参加するスタッフ。長野県富士見町などで活用されている人材。

ＯＮＦ職員としてスウェーデンやシベリアに勤務したあと、九〇年代にパリ第八大学に出講して教鞭を執っていたティエリー・コルン氏が、私の論文指導教官のひとりだった。ある日コルン氏は、フランス林業の問題点をしきりに尋ねたがる私を自宅に招いてくださり、二匹のシャム猫の一匹を撫でながらこう言った。

「日本とおなじく、フランスでも林業の人材はすくない。何より採算性に乏しいんだ。おまけに地方の過疎化は、日本より深刻かもしれない。ただ、森林保全や生態学への関心は高い。とりわけ若い人のあいだでは、かつてないほどエコへの関心や環境知性が高まってるよ。これに期待したいし、今後はもっとこの傾向が強まってくると思う」

　コルン氏は当時、パリ第八大学の人間生態学研究科でもっとも人気の高い「エコロジー概論」と「森林生態学」を担当していた。自然史学・分類学・遺伝子学・生物地理学・生体化学などの歩みを縦横に関連づけながら、それらの総体として一九世紀に創始されたエコロジーの成り立ちを素描していく。遺伝子からバイオスフィア*まで、つまりはミクロからマクロまで、生命への伸縮自在でダイナミックな視野が毎回伝授される。二時間半の講義のたび、学生たちはコルン氏の話に釘づけとなったものだった。

　パリ植物園の裏手にある自然史博物館中央図書館で、コルン氏が真剣に授業のレジュメをつくっているのを見たことがある。当時この図書館は、一階のスペースが市民に公開されていて誰でも利用でき、二階が生物や生態学の大学関係者や修士以上の理科系学生向けに用意された専門スペースだった。生態学科の教員や学生は当然二階を利用できるし、そちらの方がゆったりと落ち着いて作業もできるのだが、コルン氏は階段を昇る時間も惜しいというように、足音や物音でざわつく一階の狭いテーブルに学生たちと肩を並べていた。大学の教授室などもあえて利用せず、学生やパリ市民に近い環境で仕事をするのがコルン氏流だった。

そのコルン先生が言った「若い人たちの環境知性（エコゾフィー）」という言葉は、エコロジーが自然・文化・社会活動のすべてにかかわり、誰もの興味を惹くテーマであることを教えてくれる。ことに森林生態学は、専門研究をする者だけでなく一般の人にとっても、身近な森の自然を散策するなかで自由に見聞きし、豊かな「学び」が得られるジャンルだ。森林や林業について考えることは、森から生まれた人類がイマジネーションや創造力をフルに刺激されるテーマなのである。

国内の低開発、海外の乱開発

先進国で外材需要が急騰し始めた頃、日仏は木材貿易で世界をリードするポジションにあった。国連食糧農業機関の統計によれば、日仏の熱帯木材輸入（丸太・製材）の推移は表のようになっている（表3）。一九九三年の日本は国内に豊富な蓄積があるにもかかわらず、消費される木材の七〇パーセントを輸入でまかなっていた。

＊バイオスフィア　地表、大気圏、水中、地下など、地球上で生物が生息している生活圏の全体をさす。

表3　熱帯木材輸入量の比較（単位：1,000 立方 m^3）

熱帯林破壊が国際問題として注目された1980年代末〜1990年代前半の数字。日本はフランスより2桁大きい年もあった。

丸太	1989年	1990年	1991年	1992年	1993年
フランス	882	960	878	880	920
日本	12,420	11,199	10,168	9,960	7,454

製材	1989年	1990年	1991年	1992年	1993年
フランス	280	210	207	123	145
日本	9,624	9,082	9,400	9,047	10,622

フランスはガボン、カメルーン、コートディボワールといったアフリカ諸国からの丸太輸入量が世界でトップだったし、日本もいわずと知れた東南アジア産木材の最大輸入国だった。その規模は、一九八七年の南洋材輸入量が、日本一国だけでヨーロッパ共同体（ＥＣ）加盟国の合計を上回っていた（輸入先の内訳は図38参照）。

その後の輸入量は、日仏とも横這いないし縮小へと転じている。しかしフランスはアフリカからの輸入を減らす一方で、東南アジアからの輸入を伸ばし、日本は北米大陸やロシアからの針葉材輸入を拡大した。「それが何か？」と事情通は言う。確かに貿易のことは表面の数字では判断できない。だが、フランスの林業専門誌「アルボレサンス」は、これを次のように酷評した。

「結局はヨーロッパや日本による木材輸入先のたらい回しにすぎない。木材貿易が一局に集中すれば、ふたたび国際的な批判を招くからだ」

もちろん「輸入先のたらい回し」という表現には、多少センセーションをあて込んだ穿ちすぎもあった。南洋材と北方

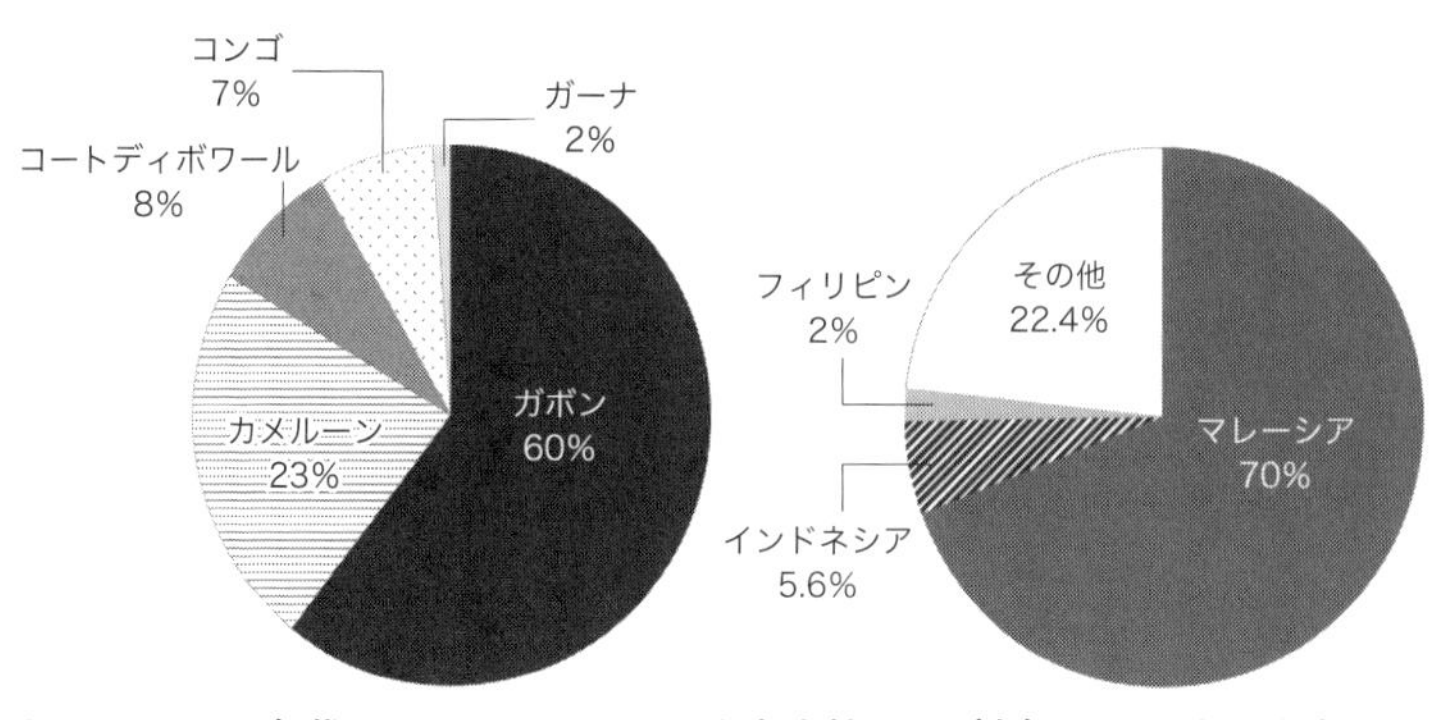

図38　1990年代のフランスのアフリカ丸太輸入量（左）と、日本の東南アジア丸太輸入量（右）の内訳

材では、樹種も用途も違うからだ。とはいえこうした議論の矢面で、輸入国が「現代の収奪者」と位置づけられてきたのはまぎれもない事実だ。日仏ともに、国内では豊富な木質ストックを抱えていながら、外材輸入量が国産材の生産量を圧倒している。その矛盾があるかぎり、こうした見られ方は変わらないだろう。

とくにフランスの場合、海外県としてグアドループ、マルティニーク、仏領ギアナなどの熱帯の自然が豊富な土地を領する一方で、おなじ赤道地域の外国から熱帯木材を輸入している。このため、木材の需給関係や、貿易と自然保護の関係といったものが複雑になりやすい。海外県、旧仏領の途上国、旧仏領以外の途上国という三者とのあいだで、公平性や整合性が保たれるように貿易も森林保全もおこなっていくのは困難をきわめる課題だ。

海外県や旧仏領に対して、フランスは膨大な人材を派遣して天然資源の調査研究をおこない、木材、薬剤、鉱物などについての稀少情報を掌握してきた。たとえば一九一六年設立の熱帯林業研究所（ＣＴＦＴ）は、パリに本部を置き、カメルーン、コートディボワール、ガボン、ニジェール、セネガル、マダガスカル、ニューカレドニアの海外支所のそれぞれで、森林開発、木材の伐採・加工・利用、防虫防腐、化学研究などをおこなってきた。

とりわけ薬剤研究も含まれる化学研究は、熱帯林研究の本命ともいわれる分野だった。そもそもフランスは帝政時代から、熱帯林での生物資源開発でほかのヨーロッパ諸国に一歩先んじていた。南米のアンデス山脈に自生するキナの木の樹皮をインディオが剝がし、解熱剤に使っていたのを見たヨーロッパ人がマラリア特効薬として目をつけ、一八二〇年にフランス人薬剤師が単離*に成功して「キニーネ」を開発したのは有名な話だ。

また同時にそこでは、フランスの経済的・文化的な影響力と既得権益を保ってきた。ちなみに私の知人にも、兵役の代わりにインドネシアやインドシナでの技術協力や調査研究を数年間経験してきたフランス人が何人もいる。

ただし、このような途上国との関係は、二一世紀に入ってから変わってきた。おもに企業の社会的責任（CSR）、国連ミレニアム開発目標、持続可能な開発目標（SDGs）といった観点から、組織のコンプライアンスが世界的に重視されるようになったことで、先進国と途上国のあいだの貿易や協力関係にも公明性が求められている。企業にとってのいわゆるトリプルボトムライン（環境・経済・社会の三つの側面から企業の価値を決めるという基準）が、そのまま国際援助プロジェクトのフィージビリティ・スタディ*に適用されることも増えてきた。

とくに熱帯林での植物種の研究は、先進国の多国籍企業が現地の遺伝資源を独占する「バイオパイラシー」の問題もあり、厳しいチェック機能を必要とするようになっている。

国内の低開発と、海外での乱開発。この埋まらない溝は元来、国際協力で補いきれるものでもないが、日仏両国は経済援助国として「緑の代価」を払っている。代価とは、途上国の森林を国際協力で再生するとともに、同時に現地の人々のため、商業伐採に代わる経済活動を技術移転によって保障することである。それは次に見るように、政府開発援助（ODA）のスキームで実施されている。

帳尻合わせの造林支援を避けるには

ODAによる発展途上国への資金・技術協力には二国間（バイラテラル）と多国間（マルチラテラル）があるが、ここでは二国間援助、つまり援助国と非援助国のあいだの一対一関係に話を絞る。

フランスのODAは、人間の基本的なニーズ（BHN）を重視した最貧国向けの援助方針を大綱としている。ただし対象国は、無償援助の六一パーセントが西アフリカやマグレブなど、いわゆる「旧フランス経済圏」に偏っている。フランスに限らず欧米先進国の援助は、自国の旧植民地国に向けられ

＊単離　ある物質を混合物のなかから単独で取り出すこと。キニーネの場合、キナの樹皮から$C_{20}H_{24}N_2C_2$という分子式で表されるアルカロイドとして取り出された。

＊フィージビリティ・スタディ　ODAの実施手順において、被援助国の現地状況や援助国の能力などから見た実現可能性や、援助効果としての採算性などを事前に調査するステップ。

がちで、これには「国際援助は安全保障の一環」というロジックまで用意されているが、森林保全や砂漠化防止のようなボーダーレスな課題には、それでは対応しにくい。またアフリカ諸国の累積債務問題を一向に改善できないため、久しい以前から「援助疲れ」に陥っているとの指摘もある。

一方わが国は、途上国の産業自立をめざした「インフラ重視型」で、新興工業経済地域（NIES）をはじめとするアジアの成長に貢献したといわれる。だが援助実施のスキームでは、物資やサービスの調達先が国内に限定されるタイド（ひもつき）のしくみによって、日本企業に資金が落とし込まれるケースが「国益重視のODA」と批判されることも多かった。

日本のODAがすこしずつ変わってきたのは、バブル崩壊後である。たとえば途上国における環境保全プロジェクトでは、いわゆる「箱物援助*」が減り、グラスルーツに根ざした住民参加の「小規模無償*」のような取り組みが拡充されていった。

日本が世界の「トップドナー」といわれた一九九〇年代前半、森林保全に向けた国際協力のなかには、ソーシャルフォレストリー*（社会林業）の取り組みも増えていた。「東北タイ大規模緑化計画」もそのひとつだ。東北タイ一七県の面積の四〇パーセントにあたる六七五万ヘクタールの森林を再生しながら、併せて住民の経済生活、社会生活にも寄与するという取り組みだった。

タイの森林は、過剰な商業伐採によって、一九六一年から一九八六年までに三分の一まで減っていた。土地が耕作に適さないラテライト土壌*であるうえに、現地の農業習慣だった焼き畑が加わったことと、海外での南洋材ニーズの高まりでラワンやチークの伐採が増え、住民の森林依存度が急激に高まった結果だった。

一九八八年、タイ南部に大洪水が発生し、伐採地の土砂が大量に流出する。「生活のために木を倒すな」の国際世論に、翌年タイ政府は天然林伐採の全面禁止をもって応えた。ラワンやチークといった国産材の輸出も停止した。

大規模造林プロジェクトでは、この森林破壊に対して二方向からの対策を採っていた。ひとつは緊急対策として一三種の早生樹種を植え、もうひとつは成長は遅いが良質の木材となる長生樹種を植える方法だ。どちらも熱帯地域の強い日差しや乾燥に耐えて活着できるように、「ハードニング（硬化）」というプロセスを経ている。

当時、早生樹種であるアカシアやユーカリ（いずれも外来樹種）が土壌を劣化させていることが批判を浴びていた。これを教訓に、ここでの早生樹種はあくまで住民の差し迫った経済ニーズを満たし

＊**箱物援助**　「箱」は施設、「物」は資機材のことで、ＯＤＡできめ細かな人的貢献や技術支援をともなわないハードのみの国際援助を意味する。これは現地で活用されず、裨益効果の低い「バラまき援助」につながるため、一九八〇年代以降批判されてきた。

＊**小規模無償**　一九九〇年代前半に日本のＯＤＡで開始されたグラスルーツ型の協力。途上国で活動している非政府組織（ＮＧＯ）からの要請を受け、小規模な贈与をおこなう無償資金協力。

＊**ソーシャル・フォレストリー**（社会林業）　地域住民が参加することにより、経済効果や雇用の面でより広範な社会的利益を生み出すことが期待される林業。

＊**ラテライト土壌**　高温多雨の熱帯地域で風化が進み、養分に乏しく植物栽培に適さない赤褐色の土壌。鉄とアルミニウムの水酸化物を主成分とする。

つつ、長生樹種のラワンやチークへと移行するための応急処置に限られていた。長短期的に産業造林に取り組み、森林被覆率四〇パーセントを達成したうえで、正常な伐採サイクルを維持しながら木材輸出を再開するという計画である。

東北タイの一都市、マハサラカムの苗畑センターでは、住民の雇用を増やすためにスプリンクラーを使わず、如雨露で手ずから水やりをしていた。農家が自発的に工夫をこらし、燃材、建材、果樹、家畜飼料などの自給に木を用いたり、新しい造林地をコミュニティフォレストとして役立てながら生活している。ある住民は私に、「このしくみを子や孫にも伝えたい」と言った。

ここでODAの得た教訓がひとつある。いかに自助努力を後押しするといっても、経済的インセンティブだけでは人は動かない。モノづくり、ヒトづくりへの知的インセンティブがなければ、長続きしない。こうした気づきにもとづく新しい開発援助の実践は、バングラデシュでムハマド・ユヌス博士がおこなったグラミン銀行融資プロジェクト*の成功例にも一脈通じる。

ただしODAには、内政不干渉の原則がある。貧困や自然破壊を生む社会構造の多くは政治がもとになっているが、援助国が途上国の政策に口を出すことは、当該国の主権を脅かすことになる。たとえ現地政府による人権侵害や武力弾圧といった事情があったとしても、政策提案へのコンセンサスが得られない支援はご法度だ。もちろん紛争地域への協力は、人道的援助以外は禁止されている。

もうひとつの限界は、予算の単年度制である。これはおもに日本の場合だが、一〇年、二〇年といった長期にわたる援助プロジェクトが、単年度予算の積み重ねでは組みにくい。この点、フランスのODAスキームは長期かつ広範囲にわたる支援に適している。ただし、逆にそれが非効率性につながることもある。短期集中で成果を挙げるには、むしろ制約があった方がいい場合もある。

なお、森林保全プロジェクトに関していえば、熱帯や亜熱帯では広葉樹林が森林の大半を占める。これはフランスの林業技術が生かせる地域である。いまフランスでは、コートディボワールやラオスなどで、森林の天然資源管理を改善する援助に力を入れている。これも自助努力の伸長なしには達成できないため、知的インセンティブを引き出す適正技術の移転が望まれる。

今後は日仏の国際林業協力も

一方、セネガルやマリを含めたアフリカ大陸の一一カ国と国際機関が現在おこなっている多国間の取り組みに、「グレート・グリーン・ウォール」がある。アフリカ大陸の東西をグリーンベルトのように横切る大規模植樹によって、土壌の保湿性と養分を取り戻し、地元住民（とくに女性）が農業収入を得て自立できるようにすることが狙いだ。フランスはこの計画に対し、世界銀行や民間の資金提供者とともに資金協力している。

二〇二三年末時点で、このイニシアティブにより五五億本の植物と苗木が生産され、一五万ヘク

＊グラミン銀行融資プロジェクト　社会起業家ムハマド・ユヌス氏が創設し、バングラデシュの首都ダッカに本部を置くグラミン銀行が農村の貧困者に対しておこなった融資プロジェクト。無担保で少額の資金を貸し出すマイクロ・クレジットを通じ、農村部の生活者の自立を支援し、貧困の軽減に貢献している。

タール以上の森林再生地と七〇万ヘクタールの段丘が植林されている。この計画も、住民の自発参加が推進の主体となっているのが特徴である。「グレート・グリーン・ウォール」の参加一一カ国は、すべて植林対象地域の当事国である。植林はもちろん、掘り抜き井戸の建設や砂丘固定なども住民参加でおこなわれる。

ただしここでも、苗木の樹種にはアカシアが使われている。これはユーカリと同様、土壌を劣化させやすい。フィージビリティ・スタディを重ねたうえでの樹種選択とは思うが、こうした大規模造林の場合には、土壌へのインパクトに何よりも注意を払って取り組む必要がある。二億五〇〇〇万トンの炭素吸収や、一〇〇〇万人のグリーン雇用を達成するといった数値目標は、あくまで環境配慮を最優先したうえでの達成項目とすべきである。

過去にはこの大陸で、先進国の財団や援助機関の主導による大規模な支援プロジェクトがおこなわれたが、現地の生態系や産業構造にそぐわない方式を導入したため、住民の生活を悪化させたこともある。地球環境の劣化が待ったなしの現状にあるいま、過去の失敗の繰り返しは決して許されないだろう。

アラブ首長国連邦のドバイで気候変動枠組条約第二八回締約国会議（COP28）が開かれた二〇二三年、国際社会の共通認識となったのは、地球環境における「負の連鎖」の完成だった。つまり気候変動→森林消失→CO_2放出→気候変動という、以前から見通されてきた悪循環が、異常気象による山火事の多発、気候難民の増大、炭素爆弾*といった新たなリスクも加わったことによって、継ぎ目のない完璧なループになってしまっていた。

二〇二四年、ＥＵは森林破壊に加担する経済取引を規制し、違反企業に対しては罰則を科す措置を本格的に稼働している。ここではフランスが主導的な役割を果たすことも期待されている。

林業の低迷が長く続くなか、二〇二三年八月に日本では山林の取引価格が三一年ぶりで値上がりした。これはウッドショックや世界的な木材資源の供給不足を背景として、輸入木材価格の高騰が危ぶまれたためだった。実質的な木材需要の伸びを反映したものではない。それにしても、次の価格上昇は何年後になるのかと思いやられるほど、産業構造そのものの膠着化が目立つ。

日本林業が、将来性のもっとも期待できない産業のひとつに数えられて久しい。しかし生産拠点の海外移転にともなう産業空洞化が原因となった製造業の不況にくらべると、林業の不況はおなじく構造的ではありながらも、そこまで複雑なものではない。木材の価格競争力強化を実現すれば人材不足の問題も改善され、状況は徐々に緩和へ向かう理屈だが、もちろんそれには時間がかかる。

二〇二四年から、森林環境税の導入も始まった。毎年一人あたり約一〇〇〇円負担といわれる公的資金の投入で、全国の国公有林がどれだけ活性化するかに注目が集まっている。また木の産地直売や、小規模持続型の森林経営など、林業家の新機軸の取り組みも地域ごとに展開されている。

フランスがスタートアップ企業の支援と構造不況打開のためにおこなっている「フレンチテック」の取り組みは、さまざまな業種でソリューションをもったスタートアップ企業の参入を募るもので、

＊炭素爆弾　泥炭林が伐採されて土壌の水分が排出されたり、地球温暖化によって永久凍土が解けたりすることによって、膨大な量のCO_2が大気中に放出される現象。

林業を含めた第一次産業にも新たな展開をもたらすものとして期待がかかる。

農業・林業・水産業のうち、国土や生態系の保全という公益的な役割をもっとも多く含むのが林業である。二〇世紀末から日仏がともに課題にしている林業転換では、この公益的機能のなかでもとりわけ生態系保全という役割が重視されてきた。生産活動では自由競争を原則とする国家間だが、この公益性の部分については国際協力で互いの知見を交換できるというメリットがある。

地域レベルでは、第I編で見たように、東北とフランス北西部が牡蠣養殖の協力関係を続けるなかで、広葉樹林の育成に力を入れてきた例がある。また、一九八二年にコロンジュ＝ラ＝ルージュで設立された協会による観光促進活動に「フランスの最も美しい村」があるが、これを模範として日本のNPO法人が二〇〇五年からスタートさせた「日本で最も美しい村」の活動では、奈良県の十津川村役場のように、地域おこしの一環として日仏の林業協力が生まれている例もある。

再生の決め手はいまも広葉樹

「日本の若者はアメリカナイズされすぎている。ヨーロッパに対して昔の日本人がもっていた、燃えるような憧れがない。いつまでもアメリカ離れをしないのは個人の自由だが、ヨーロッパの伝統が日本人に忘れ去られていくのは、じつにもったいない」

国内で昔私が通った大学で、よく教授がそう言っていた。当時は若者だけではなく、日本全体がそうだと思えたものだった。

とくにマーケティング分野には、この見方がそのままあてはまる。

あるとき東京の有名デパートへ、オーク製の机を買いにいった。面喰らったのは、家具売り場にアメリカと北欧の商品しかなかったことだ。ひとりの店員が近づいてきたので、私がオークの机について尋ねると、彼はさえぎるように言った。

「ごめんなさい（これは彼の口癖らしい）。木の種類にこだわるというのは、いまは皆さんあんまりしなくなってます。材質で選ぶならアメリカ産です」

店員はどう見ても日本人だが、しきりとウォルナットやダグラスファーの家具をすすめてくる。ただ私は、木のモノづくりについては材質だけでなく、愛着も大事にしたいからとつけ足した。

すると彼は、プロの名にかけてというように反論してきた。

「ごめんなさい！　私三〇年やってますけど、おかしいなあ。そういうこだわりって！」

樹種へのこだわりはおかしいといいながら、アメリカ樹種しか頭にないのは彼の方だった。

残念だが、それもまた個人の自由。私も「ごめんなさい」といい残し、デパートを出て街なかの家具店でオークの机を買った。


この本では、おもに広葉樹のことを書いてきた。

もちろん針葉樹が広葉樹よりも価値が低いとか、イケてないなどといっているのではない。針葉樹林を有効に生かしながら、生態系保全に貢献している日仏の林業家の方々の苦労も十分承知している。

だから特定の樹種について、まして特定の地域や国家について、バイアスのかかったことをいうつもりはまったくない。

しかしフランスの広葉樹林業には、目立ちこそしないが興味をそそられる歩みがあった。続きが気になるドラマのように、または樹皮の下から来年こそは芽を出そうとしている休眠芽のように、いつか世の中で必要とされそうな文脈が、そこには確実にあると思えた。

じつをいえば、私はパリの大学院で日仏林業比較研究のフランス語論文を書いたときから、いつかこれを本にしたいと思っていた。だが同時にそれは、一般の共感を得にくいテーマだとも感じていた。あれから四半世紀あまりが過ぎ、フランスはその後も独自の森林経営を着実に前進させている。その事実は海外でも日本でも、残念ながらあまり知られていない。

しかしそこへタイミング良く、適地適木の林業を各地で実践する動きが高まってきた。

こうなれば、誰にも語られなかった森林国について、曲がりなりにも私が見聞きしてきたことを伝えるべきではないか。パリ協定と森林のかかわりを意識しながら、またパリオリンピック・パラリンピックで世界の目がフランスに集まる機会を前に、古いファイルの内容をアップデートし始めたのはそんな思いからだった。

そうしてまとめたこの本も、終わりに近づいている。

この第Ⅲ編では、「森と林業の日仏比較」という性格上、ときには大所高所からも林野行政を語らなければならなかった。だが浅学菲才な私が語ろうと、森林科学や林業のオーソリティが論じようと、伝えるべき内容はおなじだろう。

ダメ押しに結論するなら、それはやはり「適地適木」ということに尽きる。

そのうえで、最後にもう一度強調しておきたい。フランスと日本はともに「広葉樹林国」だと。森林再生はもちろん、林業再生の決め手となるのも、広葉樹の適切な活用である。

森が自由に呼吸をし、機能を十分に発揮しきれる社会づくりに向けて、フランスの挑戦は今後も続いていく。

それは日本の挑戦でもある。

おわりに

本文の結びでふれたように、この本の原型は一九九六年に書いた論稿だった。

その後、もしフランスの森づくりが当時の私の期待に届かなかったら、本書がこうしてお目見えすることはなかったかも知れない。

しかしこの三〇年近くの進展は、正直なところ予想以上だった。植生の多様性が失われなかったのはもちろん、国土の四分の一だった森林率も三分の一まで引き上げられた。記録的な暴風雨や、度重なる森林火災のダメージからも立ち直った。

「フランスの森と林業」というテーマが、かつてない説得力をもつようになったと感じる。

このジャンルへのさらに一歩踏み込んだアプローチも、これからは可能になる。また、以前はあまり注目されなかったフランスの環境対策や生物多様性への取り組みにも、今後は関心が集まるだろう。

この読み物を書きながら、字面の向こうに自然や人々の姿が浮かびあがるような一冊にしたいと望んでいた。

たとえば雪どけ水の流れる村で、岸辺のハンノキの芽やカワラヒワの巣とともにある暮らしが、全体のコンセプトとして伝わる本になればと、いまでも感じている。

ルポルタージュとしての核心は、第Ⅱ編の森林再生史と、第Ⅲ編の日仏森林・林業比較にある。第Ⅰ編の展開にも心を砕いた。索引や注も活用すれば、読者にはお好きな順序で本書をお読みいただける。

加えて森林にまつわるエピソードは、全編にできるだけ多く含めるようにした。

「ピカルディーのブナ林は、四〇〇年もかけて再生されたんだって！」

「モンマルトルの街路樹は、ペタンクおやじたちが死守したらしいよ」

「日本の国有林には、幕末の欧米列強の綱引きが影を落としてるって知ってた？」

そんな話題をいくつか拾いあげ、日頃の会話に取り入れていただける機会があれば、著者にとってこのうえない喜びである。


以下は謝辞となる。本書は多くの人々と環境で成り立っている。

そもそも私は、幼稚園も行かずに雑木林で遊び暮らす自然児だった。不遜ではみ出しがちな学生時代も、まさに多様性を重んじる国語教諭の遠藤美津江先生（旧姓）や、大学の恩師で仏文学者だった詩人・井上輝夫先生（故人）からの心溢れる励ましがあったおかげで、いまに至っている。

パリでは初期の頃、ジュパン家の人々が郊外の木立ちと「炉のある暮らし」で迎えてくれた。また友人でナチュラリストのビュルヌフは、銀行づとめの合い間のドライブとランドネで、フランス各地の森を案内してくれた。

フランス国立森林局元職員のティエリー・コルン氏とパリ大学のアラン・ビュエ教授は、森林生態系やヨーロッパ自然保護への扉を開いてくださった。ユネスコ本部で出会ったジュルナル・ド・ディマンシュ紙記者のクロード＝マリ・ヴァドロ氏には、フランス環境ジャーナリスト・作家連盟とパリ大学の両方でお世話になった。さらにその頃知り合った日本人のひとりで、朝日新聞社を退職後にパリ留学されていた美術評論家の吉村良夫氏は、私の日仏森林比較論をいつか上梓するよう、強く勧めてくださった。本書がひとつの答えになるとすれば幸甚である。

そしてとりわけ、築地書館の土井二郎社長には、前例のないこの本の企画に深いご理解とご助言を賜った。また編集部の黒田智美氏とともに、編集プロセスでも惜しみないご尽力をいただいた。かぎりない感謝を捧げたい。

最後に、本書が邂逅できた読者一人ひとりの皆さんへ、心からお礼を申し上げます。

門脇　仁

二〇二四年春

Salix babylonica	Saule pleureur	シダレヤナギ	Weeping willow
Salix caprea	Saule Marsault	バッコヤナギ	Goat willow / Pussy willow
Salix cinerea	Saule cendré	サリックスキネレア	Common sallow / Grey sallow
Salix fragilis	Saule fragile	ポッキリヤナギ	Crack willow
Salix viminalis	Saule des vanniers / Osier commun	セイヨウキヌヤナギ	Basket willow / Common osier
Sequoiadendron giganteum	Séquoia géant	セコイアオスギ／セコイアデンドロン	Giant redwood
Sorbus aria	Alisier blanc	ホワイトビーム	Whitebeam
Sorbus aucuparia	Sorbier des oiseleurs / Sorbier des oiseaux	セイヨウナナカマド	Rowan / Mountain ash
Sorbus domestica	Cormier	サービスツリー	Service tree
Sorbus intermedia	Alisier du Suède	スウェーデンアズキナシ	Swedish whitebeam
Sorbus torminalis	Alisier torminal	カエデバアズキナシ	Wild service tree / Chequer tree
Taxus baccata	If	ヨーロッパイチイ	Common yew
Taxus cuspidata	If du Japon	イチイ	Japanese yew
Thuja occidentalis	Thuya du Canada	ニオイヒバ	White cedar / American arbor-vitae
Tilia cordata	Tilleul d'hiver / Tilleul à petites feuilles	フユボダイジュ	Small-leaved lime
Tilia × europaea	Tilleul common / Tilleul à grandes feuilles	セイヨウシナノキ	Common lime / European lime
Torreya californica	Torreya de Californie	アメリカガヤ	California nutmeg
Toxicodendron vernicifluum	Vernis du Japon	ウルシ	Vanish tree / Chinese lacquer tree
Tsuga canadensis	Pruche du Canada	カナダツガ	Eastern hemlock / Canadian hemlock
Ulmus glabra	Orme de montagne	セイヨウハルニレ	Wych elm
Ulmus minor	Orme champêtre	ヨーロッパニレ	Field elm

Platanus occidentalis	Platane d'Amérique	アメリカスズカケノキ	Buttonwood / American sycamore
Platanus orientalis	Platane d'Orient	スズカケノキ／プラタナス	Oriental plane
Platycladus orientalis	Thuya de Chine	コノテガシワ	Chinese arborvitae
Populus alba	Peuplier blanc / Blanc de Hollande / Aube	ギンドロ／ウラジロハコヤナギ	White poplar
Populus nigra	Peuplier noir	ヨーロッパクロヤマナラシ	Black poplar
Populus tremula	Peuplier tremble	ヨーロッパヤマナラシ	Aspen / Common aspen / Eurasian aspen
Prunus avium	Merisier des Oiseaux	セイヨウミザクラ	Gean / Wild cherry / Mazzard
Prunus serotina	Cerisier tardif / Cerisier noir	ブラックチェリー／アメリカクロミザクラ	Rum cherry / Black cherry
Pseudotsuga menziesii	Douglas vert / Sapin de l'Oregon / Sapin de Douglas	ベイマツ／アメリカトガサワラ	Douglas fir / Oregon pine
Pyrus communis	Poirier commun	セイヨウナシ	Pear / European pear
Quercus cerris	Chêne chevelu	トルコナラ	Turkey oak
Quercus coccifera	Chêne kermés	ケルメスオーク	kermes oak
Quercus crispula	Chêne japonais	ミズナラ	Japanese oak
Quercus ilex	Chêne vert	セイヨウヒイラギガシ	Holm oak / Holly oak / Evergreen oak
Quercus laebis	Chêne de Turquie	トルコガシ	American Turkey oak
Quercus petraea	Chêne sessile / Chêne rouvre	フユナラ／セシルオーク	Sessile oak / Durmast oak
Quercus pubescens	Chêne pubescent / Chêne blanc	ヨーロッパナラガシワ／ダウニーオーク	Downy oak
Quercus robur	Chêne pédonculé	オウシュウナラ／ヨーロピアンオーク／コモンオーク	Pedunculate oak / English oak / Common oak
Quercus rubra	Chêne rouge d'Amérique	アカガシワ	Red oak
Quercus suber	Chêne-liège	コルクガシ	Cork oak
Salix alba	Saule blanc / Saule vivier	セイヨウシロヤナギ	White willow

Liriodendron tulipifera	Tulipier de Virginie	ユリノキ	Tulip tree
Magnolia × soulangeana	Magnolier hybride / Magnolier à feuilles caduques	ソコベニハクモクレン／サラサモクレン	Saucer magnolia
Magnolia kobus	Magnolier étoilé / Magnolier du Japon	コブシ	Kobus magnolia / Japanese magnolia
Malus sylvestris	Pommier sauvage	ヨーロッパカイドウ	Common crab apple
Metasequoia glyptostroboides	Métaséquoia du Sseu-Tch'ouan	メタセコイア／アケボノスギ	Dawn redwood
Morus alba	Mûrier blanc	マグワ	White mulberry
Morus nigra	Mûrier noir	クロミグワ	Black mulberry
Paulownia tomentosa	Pawlonia impérial	キリ	Foxglove tree / Princess tree / Empress tree
Picea abies	Épicéa commun	ドイツトウヒ／オウシュウトウヒ	Norway spruce
Picea omorika	Épicéa de Serbie	オモリカトウヒ	Serbian spruce
Picea sitchensis	Épicéa de Sitka / Sapin de Sitka	シトカトウヒ	Sitka spruce
Pinus cembra	Pin cembrot	ヨーロッパハイマツ	Swiss pine / Arolla pine
Pinus halepensis	Pin d'Alep / Pinus de Jérusalem	アレッポマツ	Aleppo pine
Pinus mugo	Pin de montagne	ムゴマツ／モンタナマツ	Dwarf mountain pine
Pinus nigra	Pin noir	ヨーロッパクロマツ	Black pine
Pinus nigra subsp. laricio	Pin à crochet	ピレネーマツ／ラリシオパイン	Corsican pine
Pinus pignon	Pin pignon / Pin parasol	パンパラソル／イタリアカサマツ／ピニョンマツ	Single-leaf pinyon
Pinus pinasuter	Pin maritime / Pin des Landes	フランスカイガンショウ	Maritime pine / Cluster pine
Pinus strobus	Pin blanc / Pin de Lord Weymouth	ストローブマツ	Eastern white pine
Pinus sylvestris	Pin sylvestre	ヨーロッパアカマツ	Scots pine

Cedrus atlantica	Cèdre de l'Atlas / Cèdre d'Algérie	アトラスシーダー	Atlas cedar
Cedrus libani	Cèdre du Liban	レバノンシーダー／レバノンスギ	Cedar of Lebanon
Celtis australis	Micocoulier de Provence / Micocoulier austral	ヨーロッパエノキ	Southern nettle tree / European nettle tree / Mediterranean hackberry
Chamaecyparis lawsoniana	Cyprès de Lawson	ローソンヒノキ	Lawson cypress
Chamaecyparis pisifera	Cyprès de Sawara	サワラ	Sawara cypress
Corylus colurna	Coudrier du Levant	トルコハシバミ	Turkish hazel
Crataegus laevigata	Aubépine commune	セイヨウサンザシ	Midland hawthorn
Cryptomeria japonica	Cryptomère du Japon	スギ	Japanese cedar
Fagus pendula	Hêtre pleureur	シダレブナ	Weeping beech
Fagus sylvatica	Hêtre commun	ヨーロッパブナ	Common beech / European beech
Fraxinus excelsior	Frêne commun / Frêne élevé	セイヨウトネリコ	Common ash
Fraxinus ornus	Orne	マンナシオジ／マンナトネリコ	Manna ash
Ginkgo biloba	Arbre-aux-quarante-écus	イチョウ	Maidenhair tree
Gleditsia triacanthos	Févier d'Amérique	アメリカサイカチ	Honey locust
Ilex aquifolium	Houx commun	セイヨウヒイラギ	Common holly
Juglans nigra	Noyer noir d'Amérique	ブラックウォルナット	Black walnut
Juglans regia	Noyer commun / Noyer royal	カシグルミ	Common walnut
Juniperus communis	Genévrier commun	セイヨウネズ	Common juniper
Laburnum alpinum	Cytise des alpes	アルプスキングサリ	Alpine laburnum / Scotch laburnum
Laburnum anagyroides	Cytise Faux-Ébénier	キングサリ／キバナフジ	Common laburnum
Larix decidua	Mélèze d'Europe	オウシュウカラマツ	European larch
Larix Kaempferi	Mélèze du Japon	カラマツ	Japanese larch

樹種名一覧

学名	仏名	和名	英名
Abies alba	Sapin argenté / Sapin des Vosges / Sapin pectiné / Sapin commun	ヨーロッパモミ	European silver fir
Abies grandis	Sapin géant / Sapin de Vancouver	アメリカオオモミ	Grand fir
Acer campestre	Érable champêtre / Acéraille	コブカエデ	Field maple / Hedge maple
Acer negundo	Érable negundo / Érable-Frêne	トネリコバノカエデ／ネグンドカエデ	Box elder / Ash-leaved maple
Acer platanoides	Érable plane / Érable blanc	ノルウェーカエデ／ヨーロッパカエデ	Norway maple
Acer saccharinum	Érable argenté	ギンヨウカエデ	Silver maple
Aesculus hippocastanum	Marronier d'Inde / arronier commun	マロニエ／セイヨウトチノキ	Common horse chestnut
Aesculus × carnea	Marronier à fleur rouges	ベニバナトチノキ	Red horse chestnut
Alnus glutinosa	Aulne glutineux / Aulne noir	ヨーロッパハンノキ／セイヨウヤマハンノキ	Common alder
Alnus incana	Aulne blanc / Aulne de montagne	グレイアルダー	Grey alder
Betula pendula	Bouleau verruqueux / Bouleu blanc	オウシュウシラカンバ／シダレカンバ	Silver birch / Warty birch
Betula pubescens	Bouleau pubescent	ヨーロッパダケカンバ	Downy birch / White birch
Calocedrus decurrens	Cèdre blanc / Libocèdre à feuilles déccurentes	オニヒバ	Incense cedar
Carpinus betulus	Charme commun	セイヨウシデ	Common hornbeam
Castanea sativa	Châtaignier	ヨーロッパグリ／セイヨウグリ	Sweet chestnut
Catalpa bignonioides	Catalpa commun	アメリカキササゲ	Indian bean tree

図 20　Inhabitants of the Landes / Wikimedia Commons
図 21　Bibliothèque centrale Muséum National d'Histoire. Naturelle, Paris
図 22　Forêt Aigoual / Wikimedia Commons
図 23　Plaque Parc National de la Vanoise / Wikimedia Commons
図 24　Interdiction de nourrir les animaux sauvages / Wikimedia Commons
図 25　Parc national des Calanques / Wikimedia Commons
図 26　Hitoshi Kadowaki《*Conservation de l'Ecosystème Forestière: Etude comparative des Systèmes Sylvicoles Français et Japonais*》より作成
図 27　Andrzej Gorzlowski / Alamy Stock Photo
図 28　Hitoshi Kadowaki《*Conservation de l'Ecosystème Forestière: Etude comparative des Systèmes Sylvicoles Français et Japonais*》を一部改変
図 29　Gebogene Korkeiche / Wikimedia Commons
図 30　Hitoshi Kadowaki《*Conservation de l'Ecosystème Forestière*：*Etude comparative des Systèmes Sylvicoles Français et Japonais*》を一部改変
図 31　Hitoshi Kadowaki《*Conservation de l'Ecosystème Forestière*：*Etude comparative des Systèmes Sylvicoles Français et Japonais*》より作成
図 32　Wikimaisonbois
図 33　Hiunkaku Nishi Honganji / Wikimedia Commons
図 34　Hitoshi Kadowaki《*Conservation de l'Ecosystème Forestière: Etude comparative des Systèmes Sylvicoles Français et Japonais*》より作成
図 35　Léon Roches Circa 1865 / Wikipedia
図 36　Hitoshi Kadowaki《*Conservation de l'Ecosystème Forestière: Etude comparative des Systèmes Sylvicoles Français et Japonais*》より作成
図 37　Toshimichi Okubo / Wikimedia Commons
図 38　Hitoshi Kadowaki《*Conservation de l'Ecosystème Forestière*：*Etude comparative des Systèmes Sylvicoles Français et Japonais*》より作成

表 1 ～ 3　Hitoshi Kadowaki《*Conservation de l'Ecosystème Forestière: Etude comparative des Systèmes Sylvicoles Français et Japonais*》より作成

図表出典

口絵　aerial-photos.com / Alamy Banque D'Images
Bruno Monginoux / Photo-Paysage.com
地図 1　Topographical Map of France / Wikimedia Commons を一部改変
地図 2　Institut national de l'information géographique et forestière の報告書 'INVENTAIRE FORESTIER NATIONAL'p.12 の地図を一部改変
地図 3　Wikimedia Commons/Frontiers of departements and regions of France を改変
地図 4　Institut National de l'Information Géographique et Forestière 'INVENTAIRE FORESTIER NATIONAL' p.29 の地図を一部改変
地図 5　IGN 'Campagne d'inventaire forestier 2018-2022' の地図を一部改変
地図 6　国土地理院 https://www.gsi.go.jp/atlas/archive/j-atlas-d_2j_05.pdf

図 1　Wikipedia France
図 2　Wikipedia France
図 3　インターネットサイト 'Merveille cachée' ／ Gembloux Agro-Bio Tech – Université Liège
図 4　Terre Sauvage/E.Boitier
図 5　Terre Sauvage/FTV
図 6　Terre Sauvage
図 7　The arms of the French Republic / Wikimedia Commons
図 8　Détail Statue Sainte Geneviève protégeant Paris par Paul Landowski / Wikimedia Commons
図 9　Le Pilier des Nautes / Wikimedia Commons
図 10　Corse sauvage –Activités nature en France
図 11　インターネットサイト 'En forêt avec Manon' を一部改変
図 12　'*L'atlas des forêts de France*'（1994）p.147 の図を一部改変
図 13　Office national des forêts
図 14　Office national des forêts
図 15　Office national des forêts
図 16　Philippe IV le Bel / Wikimedia Commons
図 17　Ordonnance de 1669 / Wikimedia Commons
図 18　Office de Tourisme Montbard
図 19　Historia France

Pierre Monomakhoff (1994), *Forêts communales, un atout pour l'aménagement du territoire*, Arborescences, Office National des Forêts, Paris
Rester Brown (1993), L'Etat de la Planète (version française), Economica, Paris
赤井龍男（1986）「複層林の技術開発の方向を考える」「林業技術」No.528
大隅真一（1958）『フランス林業に学ぶもの』日本林業技術協会
大田伊久雄（2003）「フランスにおける森林・林業政策の現状と方向性」「林業経済」56(8)
川崎寿彦（1987）『森のイングランド――ロビン・フッドからチャタレー夫人まで』平凡社
吉良竜夫（1981）『生態学から見た自然』河出書房
興梠克久（2013）『日本林業の構造変化と林業経営体』農林統計協会
コンラッド・タットマン著、熊崎実訳（1998）『日本人はどのように森をつくってきたのか』築地書館
四手井綱英（1974）『日本の森林――国有林を荒廃させるもの』中央公論社
ジャン＝ルイ・ドナディウー著、大嶋厚訳（2015）『黒いナポレオン――ハイチ独立の英雄 トゥサン・ルヴェルチュールの生涯』えにし書房
徳川林政史研究所編（2015）『森林の江戸学　徳川の歴史再発見 2』東京堂出版
鳴岩宗三（1997）『幕末日本とフランス外交――レオン・ロッシュの選択』創元社
藤原辰史（2012）『ナチス・ドイツの有機農業――「自然との共生」が生んだ「民族の絶滅」』柏書房
堀越宏一（1997）『中世ヨーロッパの農村世界』山川出版社
村尾行一（2017）『森林業――ドイツの森と日本林業』築地書館
山中二男（1990）『日本の森林植生〔補訂版〕』築地書館
ヨアヒム・ラートカウ著、山縣光晶訳（2013）『木材と文明』築地書館

参考文献

・著作や論文については、著者名、発行年、題名、発行元、所在地の順に記した。
・報告書・インターネット資料については、編著者を兼ねる発行元や、不明な場合の発行年を省略する。

Alexandre Seigue (1987), *La Forêt méditerranéenne française: Aménagement et protection contre les Incendies*, Edisud, Aix-en-Provence

Augustin Berque (1986), *Le sauvage et l'artifice : les Japonais devant la nature relié*, Gallomard, Paris

Ernst Röhrig & Bernhard Ulrich (1991), *Ecosystems of the World (vol.7): Temperate Deciduous Forests*, Elsevier, Amsterdam

Jean Boulaine (1983), *Les Sols de France*, Press Universitaires de France, coll. Que sais-je ?, Paris.

Joël Boulier & Laurent Simon (2002), *Atlas des forêts dans le monde*, Flammarion, Paris

Jean Collardet & Jean Besset (1990), *Bois Commerciaux (Tome1: Les Résineux)*, H. Vidal & Centre Technique du Bois et de l'Ameublement, Dourdan

Jean Collardet & Jean Besset (1990), *Bois Commerciaux (Tome2 : Les Feuillus des Zones Tempérées)*, H. Vidal & Centre Technique du Bois et de l'Ameublement, Dourdan

Jean Gadant (1994), *L'Atlas des Forêts de France*, Jean-Pierre de Monza, Paris

Jean - Louis Bianco (1998), *La Forêt :Une Chance pour la France*, Ministère de l'enseignement supérieur et de la recherche, Paris

Jean-Pierre Husson (1995), *Les Forêts Françaises*, Press Universitaires de Nancy, Nancy

Michel Becker, Jean-François Picard, Jean Timbal & Renée Franc (1981), La Forêt, Masson, Paris

Michel Devèze (1965), *Histoire des Forêts*, Press Universitaires de France, coll. Que sais-je ?, Paris.（邦訳　ミシェル・ドヴェーズ著、猪俣礼二訳［1973］『森林の歴史』白水社）

Ministère de l'Agriculture, de la Pêche et de l'Alimentation (1995), *Le Marché du Bois en France*, Paris

Office National des Forêts (2022), *Rapport d'Activité*, Paris

Phillip Pinchemel (1980), *La France (Tome 1)*, Armand Colin, Paris

Pierre-Alain Broussault (1995), *L'écologie de Paris*, ABACUS Edition, Paris

Pierre Gascar (1988), Pour le dire avec des fleurs, Galimard, Paris（邦訳　ピエール・ガスカール著、佐道直身訳［1995］『緑の思考』八坂書房）

【ら行】

【わ行】

【や行】

【ま行】

【は行】

【な行】

【た行】

【か行】

索引

著者紹介

門脇 仁（かどわき ひとし）

1961年浦和市生まれ。慶應義塾大学卒。「国連持続可能な開発委員会」の理念にもとづく国際援助専門誌を経て、1994年に渡仏。日仏の森林生態系と林業についての比較研究で、フランス国立ヴァンセンヌ・サン＝ドニ大学（パリ第8大学）大学院人間生態学研究科上級研究課程を修了。在仏中、フランス環境ジャーナリスト・作家連盟（JNE）加盟。帰国後、環境省所轄の公益法人を経て独立。現在までエコロジー、生態学史、ネイチャーライティングなどの著述、翻訳（英・仏）、講義・講演多数。

E-mail：hitoshi.kadowaki3@gmail.com

著書：『エコカルチャーから見た世界――思考・伝統・アートで読み解く』（ミネルヴァ書房）、『最新環境問題の基本がわかる本――地球との共生と持続可能な発展』（秀和システム）他。

訳書：『樹盗――森は誰のものか』（築地書館）、『エコロジーの歴史』『終りなき狂牛病――フランスからの警鐘』（ともに緑風出版）、『環境の歴史――ヨーロッパ、原初から現代まで』（共訳、みすず書房）他。

論文：《Conservation de l'Ecosystème Forestière：Etude Comparative des Systèmes Sylvicoles Français et Japonais（森林生態系の保全：林業システムの日仏比較研究）》他。

講義・講演：「環境学」（東京理科大学理学部第1部教養科目）、「外書講読」（法政大学キャリアデザイン学部ライフキャリア領域）、「フランスの環境文学」（立教大学大学院異文化コミュニケーション研究科公開講座「環境と文学のあいだ」）他。

広葉樹の国フランス

「適地適木」から自然林業へ

2024年5月30日　初版発行

著者　門脇仁
発行者　土井二郎
発行所　築地書館株式会社
〒104-0045
東京都中央区築地7-4-4-201
☎ 03-3542-3731　FAX 03-3541-5799
http://www.tsukiji-shokan.co.jp/
振替 00110-5-19057
印刷・製本　シナノ印刷株式会社
装丁　吉野愛

 ISBN 978-4-8067-1665-5